剑指云端 AHEAD IN THE CLOUD

——引领企业IT未来的最佳实践

BEST PRACTICES FOR NAVIGATING THE FUTURE OF ENTERPRISE IT

◎ [美] 史蒂芬·奥尔班 (Stephen Orban) 著

◎ 张侠 译

清华大学出版社

北京

内 容 简 介

本书介绍了企业 IT 发展的最佳实践，详细阐述了云计算先进技术在企业应用的理论与实践。从技术研发、企业信息架构和 IT 管理等方面，分享了许多先进的观点，对企业 IT 的发展，有很好的参考作用，可作为企业高管、云计算技术人员、科研人员及高校师生的参考读物。本书由 Amazon Web Services 全球企业战略团队总经理史蒂芬·奥尔班所著、Amazon Web Service 首席云计算企业战略顾问张侠翻译而成。

本书封面贴有清华大学出版社防伪标签，无标签者不得销售。

版权所有，侵权必究。举报：010-62782989，beiqinquan@tup.tsinghua.edu.cn。

图书在版编目(CIP)数据

剑指云端：引领企业IT未来的最佳实践 / (美) 史蒂芬·奥尔班 (Stephen Orban) 著；张侠译.—北京：清华大学出版社，2019 (2021.7 重印)
　书名原文：Ahead in the Cloud
　ISBN 978-7-302-53268-2

Ⅰ.①剑…　Ⅱ.①史…②张…　Ⅲ.①云计算—研究　Ⅳ.①TP393.027

中国版本图书馆 CIP 数据核字(2019)第 135073 号

责任编辑：贾　斌
封面设计：刘　键
责任校对：焦丽丽
责任印制：沈　露

出版发行：清华大学出版社
　　　网　　　址：http://www.tup.com.cn，http://www.wqbook.com
　　　地　　　址：北京清华大学学研大厦 A 座　　　　　邮　　编：100084
　　　社 总 机：010-62770175　　　　　　　　　　　邮　　购：010-62786544
　　　投稿与读者服务：010-62776969，c-service@tup.tsinghua.edu.cn
　　　质 量 反 馈：010-62772015，zhiliang@tup.tsinghua.edu.cn
印 装 者：小森印刷霸州有限公司
经　　　销：全国新华书店
开　　　本：170mm×230mm　　　印　　张：18.75　　字　　数：274 千字
版　　　次：2019 年 9 月第 1 版　　印　　次：2021 年 7 月第 6 次印刷
定　　　价：79.00 元

产品编号：081333-01

"真正决定一切的不是策略，而是文化。"

——Peter Drucker

序一

在 2003 年我们决定建立 Amazon Web Services（AWS）时，没人会想到它会像现在这样迎来迅猛的发展势头，也根本不敢想象它最终会发展到如此可观的规模。[①] 但当时的我们坚信，AWS 可能成为一项极具现实意义的业务，具体理由有以下几点。

首先，我们很擅长运行深层基础设施服务（例如计算、存储以及数据库等）以及具备高可靠性与良好成本效益的数据中心。正是凭借着这种能力，我们的亚马逊零售业务才能在诞生的八个年头当中获得如此可观的发展速度。总的来讲，我们拥有运营可扩展基础设施的能力。

其次，在 21 世纪之初，亚马逊已经建立起一项名为 Merchant.com 的业务，即由亚马逊负责为外部企业提供技术以建立电子商务网站。为了提供这种技术能力，我们需要将所有技术拆分为不同组件，并通过应用程序编程接口（简称 API）对其加以访问。这项工作的难度和时间上的投入要远远超出我们的预期。在这一过程中，我们意识到如果能够通过拥有良好的文档记录且安全可靠的 API 进行技术访问，那么亚马逊内部及外部的团队将能够更轻松便捷地建立起自己的目标业务体系。以这一认知为基础，我们建立起信念，打造松散耦合且面向服务的架构方式。

---

① 截至 2018 年年底，AWS 的年营业额为 300 亿美元，较上半年同期增长 45%。——译者注

最后，我们在 2002—2003 年期间增加了不少软件开发人员，但却发现项目的完成速度与此前资源有限时相比并没有取得什么显著的提升。这样的结论令我们震惊，也与团队的预测完全相反。我们进行了调查，发现几乎每个团队都需要耗费数月时间与人力资源以重新创建完全相同的基础设施软件（用于管理计算、存储、数据库、分析以及机器学习等资源）。事实证明，各团队将 80% 的时间浪费在了并无差别的繁重的基础设施管理工作上，而只有 20% 的时间可以用来创造真正的差异化价值。我们希望彻底改变这种方式，帮助各亚马逊团队更快创新并加以实验。在我们看来，如果像亚马逊这样强大的技术企业都面临上述挑战，那么其他各类不同规模的公司（包括政府机构）恐怕也很难避免这一困境。

这一理念成为 AWS 始终追求并延续至今的使命：帮助一切企业、政府部门或者开发人员在 AWS 上构建并运行各类技术应用。秉持着这样的思路，我们于 2006 年年初推出了首项服务（Amazon Simple Storage，简称 Amazon S3），这也标志着云的正式诞生。

除了个别特殊情况，采用云计算的优势相当显著且已得到广泛认可。对于刚刚尝试使用云服务的用户而言，关于云计算的对话通常是从成本节约开始的。大多数企业能够将要求大笔资本支出的原有模式（即将大量前期投入用于采购服务器并建立数据中心）转化为可变开销（即根据实际消费量付费），这也成为云计算的核心吸引力所在。更重要的是，AWS 客户的可变费用往往远低于本地采购投入，这是因为 AWS 拥有可观的整体规模，因此能够为客户提供更低的资源使用价格（在过去十年中，我们已经先后 60 多次下调了服务价格）。此外，您将在云环境中获得真正的弹性。具体而言，大家无须支付峰值水平的费用，这将在通常流量场景下显著减少资金浪费。在云环境的支持下，您可以根据实际需求配置资源，在需要时进行无缝扩展，并在需求下降时缩减资源以控制成本支出。

虽然成本节约非常重要，但真正促使大多数企业转向云端的核心原因，主要体现在速度与敏捷性方面。这种敏捷性不仅仅是允许用户在数分钟内获得一台云端服务器（传统本地部署采购周期往往需要 10 ～ 18 周），而是当用户拥有上百个云技术服务在手边可供随时选用时，把想法转化为产品与服务就变得容易得多了。大家不必构建一切底层软件，不必组织大规模计算或虚拟化集群，不必构建及调整数据库，也不用建立存储解决方案并持续管理其最佳容量。如今，在云计算的帮助下，大家能够将最稀缺的资源——软件开发人才——投入到核心业务中，即专注于将思维转化为产品。

当下，在您能够想到的各个领域，都有大量重量级客户在利用 AWS 支持自己的业务体系。金融服务领域有第一资本、财捷集团、美国金融业监管局（FINRA）和纳斯达克；在卫生保健领域有强生、施贵宝、诺华以及默克；媒体行业有网飞、迪士尼、HBO、Turner 与福克斯；在消费品领域有家乐氏、可口可乐与雀巢；制造行业则有通用电气、西门子以及飞利浦等。

除了私营企业之外，政府机构、教育机构以及各类非营利性组织也在利用云资源完成自身任务。美国宇航局的喷气推进实验室利用 AWS 传输"好奇"号火星车成功登陆后发回的图像，新加坡陆路交通管理局则利用 AWS 改善每一位新加坡居民的出行体验。美国心脏协会还在 AWS 上构建了一套基于大数据的心血管病研究平台。美国情报界亦选择 AWS 作为承载其关键性工作的基础设施供应商。目前，全球范围内近 3000 个政府机构、8000 个科研院所以及 22 000 多家非营利性组织都在享受 AWS 带来的便利。①

目前，面向云端的迁移速度正呈现出令人难以置信的推进势头，而任何无视这一趋势的企业都将在市场竞争中落于下风。为了在当前竞争激烈的商业环境中求得生存，企业必须充分运用持续涌现的新兴技术成果。如果要对过去十年做出总结，那么唯一的结论就是一切都在不断变化——我相信，这种技术快速变化的态势将在未来 20 甚至 30 年中继续保持下去。

云计算是我们一生当中经历过的最大的技术转变。但与此同时，仍有不少企业需要支持与帮助才能完成这一转变。这也正是本书撰写的目的所在——其中包含大量先行者的实际经验，同时分享了利用云计算这一转型性技术时所应把握的核心变革与最佳实践。

---

① 截至 2019 年 3 月，全球范围内近 4000 个政府机构、9000 个科研院所，以及 27 000 多家非营利性组织在使用 AWS。——译者注

在 AWS 担任管理职务的过程中，我所积累的许多重要经验在 Stephen 的书籍中都有分享。在我看来，那些对云夸夸其谈和鲜有建树者与利用云服务取得实际成功者之间的最大差别，就在于成功者的高层管理团队坚定地将整个组织带入云的世界。换言之，只是认同云计算的价值定位不够，光是讨论云计算的意义不够，仅仅求得部分管理者的支持也还不够，因为我们在大型组织中往往面临着一大终极阻力——惯性。为了应对这项挑战，高层管理者需要提出迁移至云端的远景，同时确保整个领导团队团结一致全力推动相关举措，进而设定出自上而下的积极的执行目标，从而推动组织更快地采取行动。此外，大家还应建立制度以追踪这项工作的实质性进展，同时避免大型组织中时常出现的搁置性否决问题。

我个人最欣赏的云实施案例源自通用电气，这家大型企业一直在云应用领域走在前面。几年之前，时任通用电气公司 CIO 的 Jamie Miller 敲定了将业务转移至云端的想法。她将员工们召集到会议室中，并表示通用电气将在接下来的 30 天之内将多达 50 款应用迁移至 AWS。这旋即引发了长达 45 分钟的热烈讨论，员工们一致表示这绝对是个愚蠢的决定，既不可能实现，也不应该实现。Jamie 认真听取了讨论内容，之后表示"我已经听到了大家的意见，但计划还是会照常推进"。通用电气公司在 30 天之内没能完成全部目标迁移 50 个应用（迁移了约 40 种应用），但在过程中，他们揭开了云计算的神秘面纱，建立起云安全与合规模型，并获得了保障未来成功的源动力。凭借着由此衍生出的迁移思路，通用电气迄今已经将数千款应用迁移至 AWS 中。

我们还发现各类团队有必要对其应用资产的重要性进行整体思考分析，而非面面俱到一蹴而就。我们的大部分企业客户都对自有应用进行了细分：哪些最易于迁移至云端，哪些存在一定难度，而哪些最难迁移。此外，客户还将应用划分为能够直接迁移至云端以及需要进行重构这两种类别。在这方面工作中，我们观察到一种常见错误是：很多企业因无法弄清该如何迁移每款应用而陷入瘫痪无法行动。事实上，大家不妨首先处理那些很多易于迁移的应用，从而快速享受之前提到的云优势。而由此积累起的早期经验，有助于各位摸索出迁移高难度应用的可行路径。

类似的内容我还可以滔滔不绝地讲下去。建议大家认真读读 Stephen 的这本论著，其中对这类经验体会作出了深入阐述。

世界正在快速发展。很明显，没人希望长期徘徊落后于竞争对手（某些对手甚至还在孵化中）两到三年的位置。希望本书能够为您带来行动的动力，提供必要的工具与指导，帮助您结合客户需求进行创新，建立起可持续发展的长期业务体系，最终使您的企业成为士气高昂且充满活力的创造者乐园。

各位，我们启程吧！

Andy Jassy

Amazon Web Services，CEO

序二

企业 IT 的最佳实践究竟来自哪里？我们为什么需要接纳这些新生事物？虽然技术一直在不断变化，但每隔几年，这些变化都会积累到新的体量并给整个行业带来颠覆性的变化。因此，供应商与客户必须对原有的假设性条件重新做出审视，并从首要原则中总结出新的业务模式与机遇。

实际上，这已经是我第三次参与到全球性的企业 IT 重组运动中来。第一次是在 1998 年，当时我加入了 Sun Microsystems 公司。那时候，代表最新、最前沿技术趋势的是开放性标准，包括 UNIX、NFS、TCP/IP 以及以太网等。它们对 DEC VAX/VMS 以及各类独立 PC 与微型计算机的专有操作系统与网络标准形成了冲击。当时我担任的是 Sun 公司英国销售分部的解决方案架构师，每天都需要与客户们交流。在一个发展势头良好甚至有望彻底改变世界的公司，和客户一起工作非常有趣。目前我在 AWS 的工作中所享受的正是同样的经历。

Sun 公司于 1993 年将我调任至硅谷——当时硅谷正在对万维网及商业互联网进行早期探索，而这些技术成果也开始为部分初创企业及企业 IT 部门所接受。这就是我生命中的"第二次重组运动"。我投入了大量时间与客户对接，帮助他们构建新型应用程序、扩展原有网站并保持业务正常运转。到 21 世纪初，我整理出一份内部提案，建议 Sun 公司将集中部署的计算机资源通过互联网租赁给客户。但遗憾的是，当时没有任何一位 IT 高管愿意接受这样的想法。这主要是因为 Sun 本身并不具备任何面向客户的商业模式或者运行自有网络服务的经验，因此最终是亚马逊公司举起了这面发展网络服务并直接对接消费者和开发者的大旗。这股潮流对 IT 高管群体带来冲击，虽然他们不喜欢这个新潮流，但已无法阻止它的到来。

我在 2007 年加入了网飞公司，那时候他们才刚刚启动流媒体服务。我当时的任务是管理一支开发者团队，负责开发个性化算法并利用自己的原有经验实现服务的可扩展性与可用性。我们很快发现，要想实现这项目标，我们必须以更为激进的方式转换原有架构并对基础设施进行大量投入，从而应对快速增长的流媒体资源需求。到 2009 年，我们最终做出决定——放弃建立庞大的全球数据中心网络，转而通过迁移上云方式使用 AWS 资源来部署。我们建立了多个小组专门负责迁移工作，而我也在一段时间领导个性化平台云迁移工作之后，被任命为网飞公司的云计算总架构师。那时候，我开始记录"云原生"架构并在会议上向大家展示，希望人们能够借此了解到由此带来的出色敏捷性、可扩展性以及高可用性。同行们对这样的方式越来越感兴趣，其适用范围也逐渐由初创机构扩展至全球规模最大的企业及政府部门当中。一部分 IT 高管最终也不得不承认，云计算确实很有吸引力！也正因为如此，后来我决定离开网飞公司，专注于帮助更多人完成云迁移工作——而这，也就是我职业生涯中的第三次"运动"。

正如 Stephen 之前所提到，"真正决定一切的不是策略，而是文化。"我对此深表赞同。我在网飞公司的任职经历就像是一次长期 MBA 案例研究。在亚马逊，我们同样重视利用文化将庞大而多元的组织联系在一起。但必须承认的是，文化本身难以改变与管理，我个人对此的总结是"你的付出决定你得到的企业文化。"当我们致力于帮助各类企业进行技术迁移时，真正带来阻力的往往并不是技术问题——而是人员与流程。要真正高效地建立云端业务体系，大家首先需要弄清楚 DevOps 的概念。而 DevOps 往往要求对固有团队进行重组——而非增加团队或者为已有团队换个名称。具体来讲，组织整体必须通过一致的招聘策略与薪酬制度以建立并推行新的文化。如果没有一套长期稳定且专注的奖励机制，您将无法获得像亚马逊或者网飞那样的长期的战略性的成果。对于某些企业，"您能帮助我们迁移至云端吗？"这一典型问题的最佳答案，可能是"当然，但我们得首先与董事会成员会面，一起聊聊文化与薪酬政策方面的问题。"正确的文化将充分释放内部人才的潜能，因为创新活动不是靠硬性推动，而首先是靠不要成为阻碍。一位高管曾向我抱怨，"我们没办法复制网飞的发展方式，因为我们没那么多人才。"我的回答是，"您觉得这些人才是从哪来的？我们只是从您那边挖来，然后解放他们。"

我在 2016 年加入了 AWS，当时 Stephen Orban 是我的主要联系人，我们在同一个团队中协同工作。实际上，几年之前我们就见过面，并听说他一直专注于利用 AWS 改善企业 IT 效能。那时候我的工作重点主要集中在初创企业、大型互联网企业与开源，但我们仍然能够相互学习并意识到双方工作中存在不少交集。那时候，Stephen 组织了一支卓越的经验丰富的团队，并将他们的经验总结成了本书。书中包含大量重要的建议、技术、模式与流程。我们都从遇到的每一位客户身上学到了新的知识，也希望有一天我在与客户高管会面时直接听到您的意见和反馈。

Adrian Cockroft

Amazon Web Services，**云架构战略副总裁**

序三

如今的企业正身处特殊的位置。一方面，他们意识到自己所在的行业正面临颠覆，变化的频度与幅度也在快速增加。但在另一方面，他们已经在创造现状方面投入了大量精力与资源——换言之，正是他们的付出成就了现在的一切，因此他们希望建立控制体系以维持现状。他们创造了现在，但新的未来正快速来临。

正因为如此，我们才如此关注"数字化转型"议题。初创企业不存在这样的转型需求，因为他们在创立之初就乘上了数字化的东风。相比之下，原有企业则面临着吐故纳新的压力。

在《商业价值的艺术》（*The Art of Business Value*）一书中，我探讨了企业如何随着时间推移逐渐结合自身环境与资产实际走向成功，以及如何将足以推动成功的技术真正融入到自身文化、规则以及流程中。换言之，正是深深植入企业文化的这些要素，保障企业以往一切正常地运作。

在担任美国公民与移民服务局 CIO 一职时，我发现那里避险心态与保守文化盛行。我们最常谈到的，就是别因为搞出大事故而登上《华盛顿邮报》的头条。为什么？因为实际经历告诉我们，负面新闻的曝光只会增加我们的工作难度——因为我们需要向国会委员会进行述职，导致被动反应式的新规则被强加给我们，而它们会严重拖慢并妨碍我们的正常工作。这一切成就了服务局的组织文化：能够取得成功的行为成了强制性的常态规范。

同样，很多企业也会建立类似的规则——这种官僚主义产物主要基于以往能够正常有效的做法。举例来说，标准操作程序就是其中的典型代表。这些程序并非凭空而来，而确实曾经拥有实效并被记录在案。文化与官僚主义都属于机构中的整体性记忆，其表达的核心含义只有一条：这些做法曾经有效。

正当企业似乎一帆风顺之时，常常会风云突变——挑战者加入市场竞争，新的技术产生，新的法规通过，竞争对手引进了创新。昨天有效的做法今天开始没那么灵光，企业中的文化与官方流程也不再适用。以往带来成功的做法，如今却成了失败的根源。

正因为如此，改造变得势在必行。但问题在于，企业的目标绝不能仅限于立足当下取得成功：环境变革将永远持续下去，我们需要应对的不是一次性转变，而是适应这种无休无止的更替。在我的第二本书《一席之地》（*A Seat at the Table*）中，我谈到了连续转型的现实压力以及如何据此对 IT 体系作出调整。

要能跟上时代的变化，唯一的方法就是将企业全面建立在敏捷基础之上。这种敏捷性应该体现在日常与技术两个层面，但要达成这项目标，企业必须投入资源才有可能快速、持续进行革新。我在美国公民及移民服务局面临的正是这样的挑战。早在我加入之前，政府层面就在强调"全面移民改革"的迫切性。但遗憾的是，没人能确定这场改革什么时候才会发生，更没人说得清这场改革会呈现出怎样的面貌。唯一能够确定的是，即使国会最终解决了这个问题，也会出现很多因政治交易所做出的决定，而我们要到最后一刻才能接到新的规则要求。但一旦决定我们则需立即落实。当初奥巴马总统发布"童年入境暂缓遣返"计划时，我们只有 60 天时间调整 IT 体系来适应具体需求。毫无疑问，全面改革的破坏威力绝对远大于此。

那么，CIO 在这种情况下应该扮演怎样的角色？由于没有明确的目标，我们无法着手推动移民制度改革。我们唯一能做的，就是意识到自身系统、底层技术、内部人员以及组织结构应当建立在敏捷性与灵活性的基础之上。

这种敏捷性将帮助我们缓解风险，确保我们更及时地对问题做出响应。

大多数企业并没有针对敏捷做出优化。事实上，企业以往关注的主要是效率优化，即考虑如何以最低的成本完成自身工作。其中的困难在于，企业必须改变固有文化、改变官僚作风、改变组织结构并改变技术架构，从而全面实现敏捷化。

在这一过程中，云计算扮演着必不可少的核心工具角色。具体来讲，虽然敏捷开发已经拥有自己的一套理论体系，但其中涉及的一切最佳实践——包括 DevOps、微服务以及容器化等，最终实际上都高度依赖于云环境。必须承认，即使没有云，这些方法也都能够实现，但这就像是非要用勺子为建筑物挖掘地基一样。在这方面，云无疑改变了一切，将敏捷化的难度降低至前所未有的水平。

在云计算的帮助下，大家能够摆脱对物理资产的依赖，同时根据瞬时需求快速构建及撤销具备同等效能的虚拟系统。过去，大家必须首先订购硬件，等待其运输到位，将其安装在机架中，配合一大堆令人头痛的线缆，最后进行调试与配置——这一切都需要大量时间。如果在峰值结束后发现不再需要这些硬件，大家也只能自认倒霉，毕竟费用已经支付。而在云中，大家可以在必要时即时启动基础设施，并在不再需要时将其关闭——实际费用根据使用时长计算得出。这才是真正的敏捷。

更重要的是，云计算允许我们实施各项 DevOps 最佳实践，即精益 IT 流程。精益流程拥有两大核心特性：消除浪费并缩短时间周期。在 IT 交付方面，这意味着大家可以更快地获取新的 IT 资源并以更低成本将其交付至用户手中。这才是真正的敏捷。

还有一点。在云环境中，存在着大量可供用户作为构建单元的高级服务。如果您希望快速且安全可靠地创建某些解决方案，那么 AWS 提供的一切服务都可被即时纳入您的 IT 系统——具体包括人工智能、机器学习、分析、安全、身份管理以及移动……这才是真正的敏捷。

因此，企业需要转型，且必须意识到这种转型状态将持续存在，而云正是持续转型的关键所在。在这样的背景之下，企业必须改变其多年以来建立并遵循的固有文化、规则以及实践，最终彻底摆脱过往成功带来的束缚。

也正因为如此，我们完全理解企业高管在面对这道巨大鸿沟时产生的"眩晕感"，这种对自己以往费力建立起来的曾经卓有成效的文化进行颠覆性变革，绝对会让任何领导者都头痛不已。

而这也正是 Stephen 与他的企业战略团队贡献力量的空间所在。这本书，以及其中涵盖的博文资源，将为企业领导者提供应对这场变革所需的指南。Stephen 以平和的态度向您娓娓讲述企业应如何在这场疯狂的新时代淘金热中获得成功。除了一系列指导性实践与案例，其中还以幽默而热情的口吻略带顽皮地论述云计算的一切。可以感受到，Stephen 本人也为这波浪潮兴奋不已。

《剑指云端》汇集了 Stephen 在云迁移道路上所亲身经历的，能够为企业带来实践价值的众多最佳理念。这本书胜于千言万语，它向面对时代变迁而焦躁不安的企业高管们轻声说道："别担心，我们遇到过这些问题。踏实稳健地迈出每一步，成功将顺势而就。"与此同时，它还为领导者们带来了振奋人心的鼓励话语："看看你将成就的一切，不令人兴奋吗？"

面对转型这一巨大挑战，我们需要这样一本论著。在阅读之后，相信您会意识到，其实困难并非不可战胜。

Mark Schwartz

Amazon Web Services，企业战略师

自序

"在我看来，所谓运气就是在机遇来临时，你也恰好做好了准备。"

——Denzel Washington

　　我从 2014 年 9 月以来，一直担任 Amazon Web Service（AWS）公司企业战略全球主管。我很庆幸自己能够出任这样重要的职位，并经历这一生中最重要的技术转变浪潮。正如大家所知，AWS 已经被广泛视为云计算的缔造者。回顾过去 12 年，AWS 不仅改变了 IT 基础设施的交付方式，同时亦积极倾听消费者意见、勇于挑战现状，并始终抱持着长远的发展理念。我最欣赏的亚马逊公司创始人兼 CEO Jeff Bezos 的一句话是，"我们愿意在很长一段时间内承受误解。"正是凭借着这一切，AWS 才构建起我此生所见到过的功能最完备，也最具颠覆性的技术平台之一，并为来自 190 多个国家的数百万客户提供服务。今天，AWS 正立足计算、网络、存储、数据库、DevOps、无服务器计算、大数据、分析、物联网、人工智能以及机器学习等诸多领域提供超过 100 种服务（目前已达 165 种服务——译者注）。

　　自担任这一职位以来，我有幸与上千位客户见面，并向来自数百家公司的高层管理者介绍 AWS 平台的强大功能以及如何将其与实际需求结合起来，以便帮助他们将更多时间、资源与精力投入到真正令其业务与众不同的方向上——而非重复而枯燥的任务中（例如数据中心管理）。目前，全球规模最大且最为知名的众多品牌都在利用 AWS 服务改变自身业务，其中包括通用电气、第一资本、新闻集团、威瑞森、爱彼迎、网飞、品趣志以及可口可乐等。

我觉得自己非常幸运。我深爱着自己的妻子（Meghan），也有了两个健康、活泼而且聪明的女儿（Harper 与 Finley），她们都全力支持并理解我的职业抱负，并接受了我经常出差数天甚至数周的工作方式。如果没有这样的支持，我根本无法体会并总结出本书中提出的种种宝贵经验。

我的家人让我得以努力工作、对工作充满热情，同时也让我能够充分享受休闲时光，最终以良好的状态在正确的时间出现在正确的地点。更幸运的是，我对自己始终有着清醒的认知——我一直都很清楚自己长大后希望从事怎样的行业。

我对软件的兴趣在 7 岁那年就有所体现。那年圣诞节我收到了自己的第一台游戏机，任天堂娱乐系统（NES）。这份圣诞礼物令我沉迷其中，而玩游戏似乎也成了我的一份全职工作，这种习惯一直保持到我大学毕业走上工作岗位。时至今日，我仍然能够一命打通《魂斗罗》（当然不需要使用那串著名的调命组合键），也仍然记得《塞尔达传说》中的每个心形容器、秘密楼梯、可燃树木以及可炸开洞穴的位置。

就在第二年，我的软件开发历程开始了（同样是在正确的时间做了正确的决定）。我还记得，当时我在叔叔的阁楼里找到了一台 TI-99[①] 和一本 BASIC 语言教程。我费力地将书中的示例程序输入到 TI-99 主机中，并花了无数小时进行试错以及代码修改，希望观察我能够在显示结果方面做出哪些改变。但且不要夸我，因为我对技术的迷恋导致很多科目被直接放弃。事实上，在我高中的成绩当中，除了数学、科学以及体育之外，其他所有科目的成绩都差得让人不忍直视。如今，我的妻子是一位高中历史老师，我为自己当初错过的学习机会感到无比遗憾。因此，在过去十年中，我一直在努力阅读她向我推荐的一切书籍，希望了解世界在过去几千年间发生的种种事件。而事

---

① 　https://en.wikipedia.org/wiki/Texas_Instruments_TI-99/4A.

实也证明，历史正是如今企业高管们不可忽视的明鉴，值得每一位从业者认真研读。

我最后还是幸运地被大学录取，并主修计算机科学。在此期间，我得以将时间尽数安排到自己感兴趣的学科中，成绩也开始快速提高。我曾经为了逃避一篇 10 页长的现代西方文明论文而放弃了社会科学课，那时候我还没有意识到写作对于我的专业而言有多重要（特别是在亚马逊，写作已经成为文化与决策流程中不可或缺的核心组成部分）。糟糕的写作能力在职业生涯早期成为我最大的短板。

自从工作之后，我有幸为三家知名企业构建软件、新业务、战略以及持续价值，它们分别是彭博、道琼斯以及亚马逊。我经历了互联网时代，而后是移动时代以及如今的云时代，这些历史性成果先后改变了技术在商业世界中的作用……而且创新成果的传播速度也在逐级递增。

2011 年，在担任彭博公司网络基础设施 CTO 时，我体会到了构建一套内部"私有云"到底有多么困难（而且徒劳无功，我将在后面作出解释）。为了不再犯下同样的错误，我在出任道琼斯公司 CIO 后利用三年时间推动其全面实施云技术转型。到 2014 年，我开始在 AWS 担任企业战略全球主管，主要负责帮助各大型企业中的高管立足云端获得价值。

而我也在这一过程中意识到，与其他任何重大变化一样，对缺少相关经验的人们来说，云迁移工作极为困难。

在本书中，我将根据自己的实践经验向大家展示一家大型企业在进行业务迁移时面临的挑战，以及该如何克服这些挑战。这里囊括了我自己以及其他多位成功完成迁移的高管带来的实践经验，我也期待着有一天我们能与您一道讨论云迁移议题！ 如果您对我们的议题有兴趣，请通过 stephen.orban@gmail.com 与我联系。

引语

在整理好这本书的稿件素材之后，我的脑袋里开始为一个新的难题而挣扎——给它起个怎样的名字。虽然还比较模糊，但可以确定的是我希望给它起个有点争议性的标题……比如《数字化转型就是做梦》之类。之所以会有这样的想法，是因为我本人一直认为"数字化转型"完全就是炒作出来的热门词汇，是那些管理咨询公司创造出来诱导不太熟悉技术在自身业务中所扮演角色的企业客户的（稍后我会对此做出更多讨论）。当然，我也明确地意识到，目前正有成千上万家大型企业正在努力转型为数字化公司。

在考虑了多个标题选项之后，我决定选择《剑指云端：引领企业 IT 未来的最佳实践》。这是因为这个标题有着一定的趣味性，同时又准确概括了本书的具体内容。

为什么有必要关注云计算？

没错，我目前担任 AWS 公司的全球企业战略主管，但必须强调的是，我打内心深处认同云计算的价值。它代表着我这一生中最重要的技术革新，而我们目前尚处于摸索云计算如何改变整个商业世界的早期阶段。

在 AWS，我们将云计算定义为以按需方式通过互联网提供信息技术（IT）

资源的方法，且遵循按实际使用量计费的原则。不同于以往客户购买、拥有以及维护自有数据中心及服务器所带来的可观成本，如今各类组织将能够根据实际需求租赁计算、存储、数据库以及其他技术资源，只是支付所使用的服务。

云计算的出现使得无数新型业务成为可能，并在一定程度上影响到了我们每一个人。举例来说，爱彼迎、品趣志乃至网飞流媒体在 11 年前甚至还不存在（其中年龄最长的网飞公司于 2007 年 5 月诞生）。这些企业之所以能够快速发展，是因为其不必再受制于内部环境的服务器、存储与数据中心性能，而开始以制度化方式将现代技术的运用能力作为一种重要的战略性竞争优势。

以爱彼迎这家将全部技术堆栈皆运行在云端的公司为例，自 2008 年创立以来其已经为超过 8000 万客户在 190 个国家的提供了 200 万套住房的服务。凭借着超过 300 亿美元的市场估值，没人能够否定爱彼迎惊人的业务增长速度与成功程度。而作为云迁移领域的又一个典型案例，网飞公司凭借着强大的云技术重新定义了人们对电视节目的消费方式。根据最近公布的评估结果，网飞流媒体在全美晚间互联网流量中的占比已经高达 36.5%[①]。

因此，云计算已经在为任何有抱负的年轻企业提供公平的竞争环境，确保其能够在全球范围内实现对 IT 基础设施的随时访问——从历史角度看，这是以往资本最为雄厚、IT 资源最为充足的大型企业才能享受的超级待遇与竞争优势。

不是顺应，就是死亡。

这句话并不夸张。相信大家都听说过不少盛极一时，但却因无法适应瞬息万变的市场环境而迅速消亡的商业故事。原本的优势，甚至很快成为阻碍这些公司行动的束缚。Eastman Kodak 发明了数码相机，却被专门出售数码相机的公司们逼上了绝路。视频内容租赁巨头百视达曾经在美国各地开设众多实体店（我还曾经在大学期间担任其中一家的经理助理），但网飞的崛起

---

① https://www.sandvine.com/downloads/general/global-internet-phenomena/2015/global-internet-phenomena-report-latin-america-and-north-america.pdf.

在给客户提供更为便捷的内容消费渠道的同时，也让百视达的实体店面成为一种毫无必要的资源浪费。

我不相信柯达与百视达在这一过程中坐以待毙，可以肯定他们一定尝试过做出改变。然而，正如众多企业客户在与我交流时说到的，改变真的非常困难。但好消息是，改变也并非毫无可能。为了证明这一点，我们可以看看通用电气的转型之路。

通用电气公司曾是创立于1896年的道琼斯工业平均指数里硕果仅存的公司（2018年6月，GE被移出了道琼斯指数——译者注）。尽管面临波折，我仍然相信通用电气公司的韧性，在很大程度上——甚至可以说完全——源自其始终适应不断变化的业务条件的能力。很多朋友可能已经看过通用电气播放的最新电视广告，公司中的几位不同工程师谈论了他们如何在各条通用电气业务中实施数字化技术。而在与该公司进行云战略合作之后，我可以告诉大家他们对于数字化转型工作确实非常认真。

您的企业可能不会把自身视为一家技术公司，但行业中的颠覆者们却拥有这样的认知。颠覆者们早晚会找到一种方法，从而彻底改进（甚至消除）您目前的业务执行方式——这只是时间问题。

好消息是，您也可以建立起自己的抵御措施。而且您的组织规模越大，云计算与文化变革所带来的收益也就越明显。

本书的目标受众

如果您身为大型企业的高管人员，那么这本书正适合您。无论您正身处于云计算之旅中的哪个阶段，本书都将帮助您从面临过同样挑战却已经获得成功的高管身上汲取经验。此外，书中的内容除了IT主管之外，亦适用于其他管理人员，包括营销、财务、销售乃至运营等多个领域。

如果您身为IT领导者，那么本书的内容将帮助您学习同业者们的经验，从而领导并重组自身团队、给同事们带来影响，并且（在理想情况下）将"企业IT"从原先的成本中心转化为营收来源。此外，云迁移不只是对您的基础设施做出改变，云原生理念还将在企业当中推动多种相关实践的执行，例如 DevOps、微服务以及容器化等。本书将把这些内容整合起来，同时加入前沿领导者们的实践心得与结论。在这里，您将找到各类常见的解决方案，包括如何迁移 ERP 系统以及如何培训员工以帮助他们掌握与云相关的技能。

　　最后，如果您只对云计算及其带来的影响感兴趣，那么本书仍然为此准备了大量内容。您是否知道，美国红十字会之所以能够在飓风"哈维"肆虐之后顺利应对规模可观的来电咨询峰值，最重要的原因之一就是其在 48 小时之内启动了一套新的云呼叫中心？ 而美国金融业监管局也在利用 AWS 每天对 PB 级别（即 1000 万亿字节级别，足以装满数百万张光盘或者数十亿张软盘）的数据进行分析，从而快速发现各类金融欺诈模式。

本书的内容组织方式

　　在本书的第 1 章中，我简要描述了自己的技术旅程以及这些积累如何帮助我投身云计算事业。我将谈到自己在彭博、道琼斯以及亚马逊高管团队的经历，探讨这些经历如何塑造我的观念，使我深刻意识到云计算对于现代企业有着怎样重要的意义。我希望自己多年以来学习到的教训能够为大家带来启示，从而为您未来的企业变革指明方向。

　　在本书的第一部分中，我们将首先了解大型企业如何利用云计算推动自身文化转变。在这方面，并不存在百试不爽的通用蓝图。但我希望整理出其中的模式，而这些结论通通来自多年以来我在企业中担任领导者或观察者职务时，利用云计算推动技术改造时积累得出的心得体会。

　　在本书的第二部分中，我将探讨一些在企业转型期内常见的最佳实践。对于关注我博客的朋友们来说，这部分内容一定不会令您感到陌生，当然我也针对本书对其做出了部分调整。

　　在本书的第三部分，我将把讨论重点放在一些极具前瞻性思维的企业高管身上——我曾经与他们面对面交流，而他们也确实带领自己的企业成功完成或者正在推进数字化转型工作。

在这部分内容中，您将看到（仅列举一部分）：

● Cox Automotive 公司 CTO Bryan Landerman 谈 Cox Automotive 公司的云计算之旅。

● SGN CTO Paul Hannan 阐述欧盟公共事业服务供应商 SGN 如何利用云计算推动 IT 现代化转型。

● 第一资本零售与直接银行平台工程副总裁 Terren Peterson 谈该公司怎样以分步形式将云计算纳入自身业务体系。

● Jay Haque，曾在领导纽约公共图书馆践行云计算之旅时掀起一轮实验文化的革命。

● AWS 欧洲企业战略师（前第一资本英国分部 CTO）Jonathan Allen 详细介绍第一资本集团在转型期间的经验与教训。

● AWS 公司企业战略师（前埃森哲 IT 常务董事）Joe Chung 将探讨云旅程中的基本指导原则，以及如何在云优先这场业务重组浪潮中推动变革并管理创新。

希望您能喜欢这本书，而且像我一样享受由其带来的这段美好经历。我期待着您的反馈，也希望了解您在云迁移或者业务转型之旅中经历的一切——包括哪些方法起到作用，而哪些帮不上忙。我不仅会在未来的博客以及本书的修订版中加入您的事例，您也将有机会借此宣传您在推动企业改造方面付出的努力，并得到业内同行们的了解与认可。如果您对此有兴趣，请通过以下电子邮件地址与我联系：stephen.orban@gmail.com。

目录

第三部分　其他声音与观点

第1章

我的云之旅

"所谓运气,就是机遇与准备碰撞出的火花。"

——Seneca

早在我(甚至是整个行业)弄清云计算的概念之前,我的云之旅就已经开始了。

云尚不存在之时

我于 2001 年加入彭博担任开发人员,并在七年的职业生涯中持续构建软件方案,以帮助股市专家们更好地了解上市公司,最终做出明智的投资决策。此外,我还构建(并重构)了彭博公司的大部分消息收发平台——这些交流通道堪称华尔街的"心血管"系统,专业人士们借此彼此沟通并分享信息。

毫无疑问,到 2008 年市场开始出现一些不利的变化。当时,彭博公司规模最大的多家客户(包括贝尔斯登以及雷曼兄弟)遭遇破产,其他不少企业也开始承受巨大的压力。这是彭博公司建立以来,第一次面临业绩负增长的问题。经历了 20 多年令人振奋的快速发展之后,彭博也终于迎来了自己的危机。然而,当时的彭博掌门人 Dan Doctoroff 不愿接受命运的奴役,反而要求在企业之内推出名为"10B"的一项财务激励计划。他设定的目标,是推动彭博公司由当时的 60 亿美元年收入尽快达到 100 亿美元大关。

当时，我们没有寄希望或者将命运押在金融服务行业能够快速复苏的假设上。相反，我们充分发挥彭博在数据、分析、软件与客服方面的核心竞争优势，寻找方法将其应用到新的领域，旨在推动公司收入来源的多样化，不再将所有鸡蛋都放在华尔街这只篮子当中。这是我职业生涯中第一次身处正确的时间与正确的位置。作为一位狂热的体育粉丝，我总有一种感觉：我们为资本市场开发出的很多成果都能够在职业体育市场上发挥巨大作用。我与一些志同道合的同事们联合起来，共同将这种假设总结成下面这个具体问题：

如果我们将专业运动员视为单支股票，将专业体育队伍视为投资组合，结果会怎样？

沿着这样的思路，如果我们将专业体育赛事中产生的数据收集起来，并利用华尔街最常见的同类分析方法加以处理，相信我们将能够为各专业运动队伍带来更高效的运营管理建议。大家可能听说过 Michael Lewis 在《点球成金》一书中提出的理念（主要讲述奥克兰运动家队总教头 Billy Beane 利用统计学家 Bill James 提出的棒球统计学理论赢得比赛的故事），我们的思维与其基本一致，只是最终目标设定为面向职业体育运动中的每位参与者，并借此建立起新的业务体系。

在接下来的四年中，我们建立起彭博体育。我们最初开发的分析产品用于帮助各支队伍根据投手 / 击球手的匹配情况（即"换位"）决定将他们的外野手部署在哪里、投手如何应付特定击球手（反之亦然）以及如何比较不同球员的相对价值。事实证明，很多团队都充分体会到了这些信息中蕴藏的价值——在 30 支职棒大联盟队伍中，有 28 支队伍至少订阅了一年分析服务。不过直到我们将分析与自动计数系统加以结合之后，才有一些团队愿意为此支付不菲的服务费用。

除了专业业务之外，我们还为"梦幻棒球（一种以积分定胜负的棒球竞猜游戏）"以及足球运动员构建起多种 Web 及移动分析产品。虽然这些工具都起到了应有的作用，但事后来看，我们当时的商业模式存在误区。我们试图以虚拟角色收费的方式建立订阅商业模式，但玩家们却不愿为这些只存在于纸面的信息买单。事实上，我们当时应该采用广告赞助（或者至少是免费增值）的业务模式。无论如何，最终的业务表现不尽如人意，而彭博体育最终也被拆分、出售并纳入 Stats 有限公司。但我个人仍然在期间学到了很多，而且通过了解棒球内幕好好过了把当棒球迷的瘾。

说了半天，很多朋友可能没弄明白，这些经历跟云计算到底有什么关系。在我们于 2008—2011 年建立彭博体育的过程中，彭博公司为了达成 10B 目标而在其他外部业务（所谓"终端外业务"）身上进行了投资。彭博法律、彭博政务、彭博财富以及彭博人才等产品相继上线，其指导思路也完全一致——收集与特定垂直行业相关的数据，以此为基础进行分析，并将结果出售给专业人士及管理者，帮助他们做出更好的决策。

但到 2011 年，我们发现这类企业似乎都无法带来理想的投资回报——这主要是因为我们浪费了大量资金为这些系统构建基础设施。我们使用的是与彭博原有终端相同的 IT 基础设施技术——这套技术堆栈强大、成熟、对延迟非常敏感，而且已经拥有超过 30 年的历史。事实证明，为初创业务建立基础设施并不是明智的做法。作为参与过彭博终端与终端外业务的工作人员，我一直以"被志愿者"的身份帮助解决这一难题。

了解云计算

幸运的是，在建立彭博体育业务时，我已经开始逐渐熟悉云技术。那时候，我对 AWS 非常着迷，而且先后多次参与到他们组织的会议与活动中。其中最吸引我的，当然是能够以按需方式配置服务器——这不仅打破了以往需要等待数个月才能用上基础设施的弊端，更重要的是，我还能够在不使用相关资源时将其关闭。很明显，这将是一种快速高效发布产品并降低运营成本的好办法。彭博当时的运营成本之所以如此夸张，主要原因就是我们在建立基础设施时需要以应用程序可能需要的最高容量为基准进行资源配置（也就是所谓"为峰值做好准备"）。但事实证明，我们的估算总是错的。我们一直在过度配置，这意味着我们将永远受到超支问题的困扰。

当时，我满心欢喜地希望启动首个使用公有云的业务案例。遗憾的是，我并没有足够的毅力或者影响力来说服公司内的决策者们，而且那时候的彭博根本不相信会有其他供应商能够提供超过其自身水平的基础设施服务（直到如今，很多大型以及成熟 IT 组织也仍然存在这种盲目自信的情绪——如果您也有类似的想法，相信本书能够为您带来一些启示）。

因此，我们选择了建设本地部署的私有云——在数月内利用一定程度的虚拟化功能使我们的终端外业务能够根据需求进行快速部署，当然可供选择的服务器类型仍然非常有限，且配置选项也相当基础。尽管远谈不上完美，但我们的成本管理难度开始快速下降。原本需要数个月周期的机架安装与服务器部署工作，如今几分钟之内即可顺利完成。

至少从特定几个角度来讲，这是一项非常成功的策略。第一，各独立业务的损益情况不再受到基础设施成本的影响，这也使得各项业务能够更公平地证明自身业绩的合理性。第二，服务器配置与业务开展所需要的筹备时间——这也正是我们面临的最大问题——开始沿着正确的轨道得以缩减。但不久之后，我们很快意识到服务器配置仅仅只是庞大的技术功能与业务需求体系中的一小部分。很明显，每项业务都需要向客户发送电子邮件，每项业务都需要自己的内容交付网络以加快响应速度，从而为客户带来更理想的访问体验。此外，每项业务都需要向其移动应用端发送推送通知。每项业务都需要提供 API 以访问彭博终端的数据，每项业务也都需要对这些 API 进行计量，以了解哪些数据存在于何处以及应于何时、由谁发送。

任何一位拥有大型 IT 部门从业经验的朋友，肯定都能明白其中的挑战所在。我们开始向每条业务线"征税"，并利用这笔资金开发"共享服务"以解决上述问题。我的团队也很快被视为资源消费中心，甚至被指责为拖慢业务发展甚至破坏业务目标的"罪魁祸首"。而在不断探索公有云的过程中，我意识到我们完全可以借助云服务供应商之力轻松应对这些挑战。我开始意识到私有云并不是真正的云计算，也无法真正高效地利用企业内部资源。

因此，2012 年在道琼斯集团负责业务转型工作时，我提醒自己千万不要犯下同样的错误。

踏上云旅程

　　道琼斯集团是一家拥有 125 年历史的老牌企业，多年以来其在创新探索方面做出了不懈的努力。道琼斯负责供应超过 200 万份《华尔街日报》，每周六天向客户递送实体报纸。虽然很多人认为互联网才是有史以来最重要的发明，但必须承认，道琼斯通过优化出版与物流体系为报刊行业带来的生产效率与交付速度提升，同样值得大书特书。[①]

　　道琼斯公司还发明了多种技术以压缩新闻报道的时间延迟，特别是作为专业信息业务（道琼斯内部将其简称为 PIB）的两大核心支柱——道琼斯通讯社与法克提瓦（Factiva）。

　　然而与许多其他行业一样，新闻业务也因互联网的出现而受到了永久性的冲击。网络上大量出现的免费内容使得人们越来越难以接受以每月 30～40 美元的价格订阅《华尔街日报》。此外，报刊行业的广告收入也大量流向谷歌、脸书以及其他原生在线媒体企业的口袋。

　　与彭博一样，2008 年爆发的金融危机对道琼斯及其专业信息业务带来的打击是致命的。与许多其他企业一样，道琼斯被迫采取一系列成本削减措施以将损益水平维持在合理的范围之内。此外，道琼斯还开始将大部分 IT 运营及产品开发工作外包给印度。

　　我个人对于 IT 外包并没有很强烈的支持或者反对意见。但是，如果要在日益数字化的世界中保持效力，每一家企业都必须保持自身快速高效构建、增强并优化面向客户的数字产品的能力。而对道琼斯来说，外包决策使其很难继续维持这种核心竞争力。

　　除了上述挑战之外，道琼斯的 IT 部门在维护现有基础设施方面同样感到非常吃力。道琼斯不得不延长折旧周期以降低成本，由此带来的后果就是硬

---

　　①　道琼斯公司会定期邀请客户前往其印刷厂进行参观，我也有幸得到邀请。如果大家有机会参加，请千万不要错过。

件更新周期被进一步拉长。陈旧系统发生服务中断的频率往往更高，找寻相关技术人才的难度更大，而且运营成本也更为可观——特别是在主体外包模式中进行多次流程切换的情况下。

我在道琼斯公司的第一个职务，是参与一支小型研发团队，负责为公司提出多种多样的产品开发建议。时任道琼斯公司 CEO 的 Lex Fenwick（他此前曾出任彭博公司 CEO）要求我们以不同的视角看到公司的技术部署方式，并强调不要受到道琼斯现有架构与流程的限制。在 Lex 看来，《华尔街日报》的订阅者掌握着全球大量财富，而专业信息业务产品（包括法克提瓦以及道琼斯通讯社）的订阅者则管理着全球大量财富。如果我们能够建立起一套对话平台以供这些用户彼此沟通并开展业务，那么很有可能由此迎来新一轮发展与增长。巧合的是，对于我们这些曾负责彭博消息系统研发工作的人们来说，这个概念早已不是什么新鲜事物。

尽管在彭博构建共享服务的经历令人沮丧，但道琼斯赋予了我们以全新方式思考业务设计的自由，我也终于有机会证明公有云能够交付成果。在短短两个月之内，我们利用几种 AWS 服务配合一些开源技术整合出一套应用方案，并将成果摆在了高管团队与客户面前。

我们迅猛的推进速度使高管团队与领导层感到无比兴奋，人们渴望看到我们将这些经验应用到更为广阔的业务层面。但在另一方面，虽然一部分现有 IT 团队成员对新事物感到好奇，但也有不少人相当紧张——因为他们不确定我们的团队、方法以及所使用的技术会对他们的职位带来怎样的影响。

构建云基础

几个月之后，我有幸出任道琼斯公司 IT 部门 CIO。我再一次在正确的时间身处正确的位置，而这一次，我拥有着足够的野心与干劲，希望真正转变 IT 部门在企业中所扮演的角色，进而真正帮助公司解决一系列突出的现实问题。

为了实现变革，我们提出了一项三管齐下的策略——我们将其称为"人、

流程与平台"方针（那时候，我还没听过人、流程与技术的说法）。我们的
目标是立足数字产品开发流程提升 IT 部门的贡献能力，从而彻底改变企业对
于 IT 组织的传统看法。而且在我看来，每一位 IT 管理者都应该拥有这样的
雄心与自我定位。

这里的"人"，是指更多专注对现有人才进行内包与投资。这意味着道
琼斯需要雇用更多开发人员，建立校招计划，同时培训现有员工以帮助其获
得过渡至不同职能角色所必需的技能。除了由供应商主导的培训课程之外，
我们还需要为员工们提供充足的时间与预算，鼓励他们参加会议，引导他
们为开源项目做出贡献，组织午餐学习会，并学习我们的榜样性企业。作为
其中最重要的主题，我们将为每位员工的能力提供投资，以便他们能够在各
自擅长的领域承担更多责任并获得更多主动权，最终对业务产生更为可观的
影响。

我用尽了自己在彭博公司学习到的一切校招经验——包括每年招聘 100
多名应届毕业生出任软件工程师，同时与东北部、伦敦等地的十余所高校建
立起合作招聘计划。每一年，高校毕业生们的出色能力和对先进技术的掌握
都令我感到赞叹，我也欣赏他们"初生牛犊不怕虎"的闯劲与不受约束的良
好思维习惯。随着时间推移，我们得以逐步缩小外包合同的规模，同时减少
对第三方外包合作伙伴的依赖性。

整个流程的重点在于让各条业务线都能够更自由地进行实验并更快针对
不断变化的客户需求做出反应。为此，我们实施持续性交付实践并简化了现
有项目审批流程。相较于原本费时费力的"资本委员会"流程（业务负责人
强制要求那些需要持续多年且前景不甚明朗的项目做出高达数百万美元的投
资回报承诺，在我看来这完全是痴人说梦），我们建立起新的方法。我们为
各个业务部门分配了固定的资源数量，并要求他们为自行设定的关键业绩指
标（KPI）负责。每一位技术与业务负责人都需要监督客户需求的变化趋势，
每季度审核 KPI 与资源分配方式，从而根据需要做出必要的调整。

最后，在平台方面，我终于获得了纠正自己在彭博所犯下错误的宝贵机
会。我们非常清楚，这一次我们绝对不会奢望能够在自行构建并运营基础设

施的情况下，保持与需求相符的快速行动力与竞争力。我们需要将员工的注意力集中在产品构建方面——其他一切可能分散注意力的任务都属于干扰性因素，必须加以排除。

建立专项团队

在彭博任职期间，我经历了一系列变革管理过程（其中有好也有坏），并深刻意识到只有首先建立起一支致力于推动变革并不断学习完善的团队，才能真正降低组织范围内的整体性变革门槛（后来我了解到，亚马逊公司由成千上万个负责不同产品或服务的独立团队所组成。他们将其称为"双披萨团队"，意思是团队规模不大，两块批萨就能搞定一餐。更多相关内容，我们将在后续章节中具体介绍）。

我也逐渐意识到，云规范实际上是将传统意义上彼此割裂的几大技术门类结合了起来。要构建并管理能够通过代码自动实现规模伸缩的应用，我们需要跨越软件开发、系统管理、数据库管理以及网络工程等多种技能范畴。此外，对大规模应用程序进行管理，还要求企业架构师将 IT 资源视为一种可随时使用、随时释放的元素组合，而非传统意义上具有静态名称、地址以及位置的物理服务器。

虽然企业内还有不少人对我的领导力以及我们制定的发展战略持怀疑态度，但也已经有一些不同部门的同事对我们的方向感到兴奋。我们将这些人聚集起来，收编到专项团队中，并委托他们对提升云端应用程序运行能力所需要的最佳实践、参考架构、治理与控制等素材进行编纂、宣传与推广。

大约就在这一阶段，DevOps 运动开始在业界获得广泛关注。虽然我一直坚持认为 DevOps 理念并没有带来什么真正的新发明，但我仍然很欣赏这轮运动在软件开发最佳实践层面为众多企业带来的语言与认知。有些朋友可能对此还不熟悉，DevOps 基本上就是将软件开发（Dev）与生产运营（Ops）最佳实践加以结合的理念。举例来说，2001 年还在彭博工作时，我们就一直在推动"谁构建谁运行"以及"了解你的客户"等战略，这也是我职业生涯中唯一的生产性软件环境参与经历。本书后面将要出现的 Mark Schwartz 在对本章节内容的讨论过程中，对 DevOps 提出了一些有趣的新颖解读："开发与运营相结合的理念，实际上是一种倒退——退回到人们分工还没细化，每个人啥都得干的阶段。"

因此，虽然我意识到 DevOps 所表达的更多是一种文化存在而非具体的群体，但我们仍然会故意通过命名将群体与文化运动结合起来——这就是所谓"DevOps 团队"。这是为了强调这类团队在改变自身职能角色时所表现出来的行为文化。DevOps 团队的主要职责在于确保所有团队都能运用 DevOps 理念，并为他们提供所需的工具与功能。

此后，我们提出三项团队原则并加以推广，这些原则的灵感皆来自于 DevOps 运动。

第一项原则，就是 DevOps 必须将应用程序团队视为付费客户。根据我的经历，基础设施与应用程序团队之间往往很难融洽相处。基础设施团队认为应用程序团队是一帮自以为是的"牛仔"，他们倾向于牺牲长远利益而满足短期可交付的成果。而另一方面，应用程序团队则认为基础设施部门的行动缓慢，无法理解应用一方需按承诺按时交付开发成果的压力。在经历了几次服务中断与项目交付拖延之后，我发现两方之间已经出现了相互指责的迹象，而我需要尽自己所能消除这种隐患。我需要让双方意识到，大家都从属于同一团队，彼此间是荣辱与共的关系。虽然我们一直没能找到一种理想的成功衡量方法，但我们仍然需要不断重申这一宗旨，并敦促各个团队尽可能将自己的目标用户视为付费客户。

第二项原则，就是 DevOps 必须以自动化方式处理一切任务。我们当时的观点是，如果要在云环境中部署任何负载，那么首先需要利用一套云原生架构"正确"完成负载构建。我们希望以自动化方式对应用程序进行部署与规模伸缩，从而实现快速迭代并不至于为容量规划工作而分神。在下文中我会提到，我们最终意识到"正确"的方法绝不仅于此，并在一次直接迁移案例当中深切体会到了这一点。关于详情，我将在第 7 章加以阐述。

第三项原则，是 DevOps 不会对所在业务线已被部署至云端的相关应用程序负起运营责任。我们的目标在于建立"谁构建，谁运行"文化，而各条业务线虽然会采用由 DevOps 团队提供的最佳实践、参考架构以及无条件执行的原则，但 DevOps 团队并不需要对应用程序的持续运营与变革管理负责。一旦各业务体系部署了自己的方案，内部人员就需要自行拥有并维护这些负载。通过这种方式，各应用程序团队将能够持续创新，并避免令 DevOps 沦为新的命令与控制瓶颈。

我们 DevOps 团队由小处起步，刚开始大家能力有限也不太清楚该如何运作。但随着经验的持续积累，我们变得愈发明确——特别是在安全性与变革管理层面。我们一直努力在无条件执行中保持适当的平衡，确保各个业务部门为自身项目实施负起责任，同时协助他们有能力运用新的工具、服务与开源技术实现创新。

扩展云能力

随着团队行动速度的加快，我们当然也希望扩大 DevOps 团队的规模并提高变更的实施效率。我们在每月的员工大会上推广我们引以为傲的进度成果，同时鼓励对此抱有兴趣的同事们拥抱这种变化。在每一季度员工大会的结尾，我都会热情邀请同事们加入 DevOps 团队。每一次，我们都为找到更多志同道合的新朋友而兴奋，而他们也乐于成为 DevOps 的一员。一般来讲，我们会故意保留他们加入 DevOps 后留下的原有岗位空缺。举例来说，如果新加入的朋友是负责支持道琼斯通讯社的系统管理员或者网络工程师，在过渡为 DevOps 成员之后，我们的 DevOps 将迎来更强大的运营能力——这将直接抵消职位空缺带来的能力缺失。

这是一种确保应用程序团队高效运用 DevOps 理念的好办法。其中各类资源都在不断增长，但有时也会带来一些混乱与干扰。因此，我只希望快速实现变更，并乐于为能接受期间所出现错误的朋友们推荐这种方法。虽然在此期间，遇到了几次必须加紧处理的升级以及小规模服务中断，但我们从中学到了很多，而且每一次主观判断都进一步增强了我们实施变革的决心。

我们还没有出台具体的所有遗留系统迁移上云的计划，那时候我们的运营模式正是当前大家常说的"混合型"架构。所有新功能都利用 DevOps 团队开发出的参考架构被部署在云环境之内，但也会在必要时与内部系统进行通信。

DevOps 团队负责制定各项最佳实践并构建功能，从而确保这套混合架构运作良好；这些功能则随着需求的成熟与时间的推移，而变得越来越复杂。虽然我们希望尽可能限制 DevOps 团队对各业务应用线的运维掌控（这些应用该由应用程序团队自身掌控），但不可否认的是，DevOps 团队使用并运营我们提供的混合架构，并管控一系列为了确保成本可管理性与云资源合规性而发布的工具及无条件要求。

Milin Patel[①] 作为当时 DevOps 团队的负责人，做过的最具影响力的大事之一就是建立起一套称为"DevOps 日"的课程。在为期两天的课程中，有半天时间都在教授 AWS 基础知识，另外一天半则主要探讨如何运用 DevOps 团队提供的参考架构、最佳实践以及治理方针。除了成为团队培训的好素材之外，这套课程还帮助我们从已经掌握相关知识的同事们那里获得大量反馈信息。

虽然当时完全没有想到，但上述举措确实成为发展历程中的重要转折点。随着经过良好培训的道琼斯员工开始向其他员工传播正确的知识与理念，我们原本面临的内部阻力开始快速消退。到这时，真正决定一切的已经不再是置身于事外、并不了解现场情况的高管人士，而是有能力自行构建功能并加以运用的相关团队。这是我们共同的发展目标，我们在这条道路上也一直彼此相伴。要说唯一的遗憾，就是我们没能早点推进这项运动。

在团队进行了第一次迭代并完成一系列改进之后，我们决定把"DevOps 日"活动纳入新员工培训计划。每年夏季，我们都会通过校招计划引入几十名应届毕业生。他们将在这里通过"DevOps 日"了解我们的工作方式、使用的工具与技术以及关于各条业务线的一点入门知识。通过这样的过程，他

---

① 　Milin 将在第 48 章中概述他的经历。

们能够更轻松地适应道琼斯的氛围，并了解哪种业务最适合自身的技能储备与发展预期。此外，这也减轻了招聘小组的工作压力，意味着他们能够设定一些能力基准，用于考核将要加入各支团队的新人们的实际水平。

迁移单一数据中心

在经过约一年的探索之后，我们开始面临一个与原本转型思路完全不同的新机遇。当时，我们位于香港的数据中心由于租约到期而需要搬迁。我们有两个月时间处理这项工作，而我很希望能借此机会推动云迁移工作的进程。然而，团队中很快就指明了其中的几个风险点。

首先，大家都觉得两个月时间根本不足以重新设计出一套完整的云原生数据中心（换句话说，这段时间不足以让我们重新编写应用程序，从而充分利用公有云中的自动规模伸缩等重要特性）。这时，我们开始第一次考虑放松"以自动化方式处理一切任务"这项原则，决定接受直接迁移的方法。这引起了不少争论，因为我们假设这种方法将不可避免地带来更高成本。然而，由于数据中心规模不是很大（只包含数百台服务器），加之认定数据中心已经不适合我们的长远发展目标，因此我们最终仍然选择了这一处理思路。

其余的风险主要集中在技术层面。我们当时在运行一套硬件负载均衡器外加一套硬件 WAN（广域网）加速器，这些在大家看来都是至关重要的基础设施。此外，我们还依赖于大量当时 AWS 关系数据库服务，RDS 还无法支持的数据库功能，因此我们实在没办法直接将其迁移为托管服务的形式。

在我看来，我们只能拿出基于已有经验和能力的解决方案，尽管我们的团队已经给出了令人印象深刻的表现。

不过很快，我们的一位 DevOps 工程师就发现我们原本使用的 WAN 加速器与负载均衡器功能完全可以利用 AWS Marketplace 上的软件实现。在几天之内，我们就购买、启动并配置了这两套组件——且几乎没有对整体运营流程造成任何显著影响。

接下来，我们开始将数据库服务器迁移至 Amazon EC2 实例中——注意，我们并没有选择托管 Amazon RDS 实例。虽然这种作法迫使我们仍然需要自行管理数据库服务器，但这至少要比租用大量数据中心设施要好得多。

　　我们在大约六周时间内基本完成了迁移工作。虽然结果并不完美，但还是大体达到了预期。我们在从位于新泽西的主数据库进行连续复制时遇到了一些延迟，这主要是由于我那时不愿意付费使用 AWS Direct Connect 服务（这项服务允许客户在自有设施所在位置与 AWS Direct Connect 位置节点之间建立专用的网络连接）。我们最终总结出了一套正确的数据库配置方案，从而快速解决了问题（当然，最终我们还是安装了 AWS Direct Connect）。而且即便如此，我们遇到的问题大多属于运营负担，而不会对客户造成实际的影响。

　　接下来，我们又遇到了不少有趣的情况。之前，之所以确立了"以自动化方式处理一切任务"的原则，是因为我们认为如果不面向云端进行优化，那么其运营成本将高于内部方式。然而在此次迁移中，虽然并没有从根本层面调整架构，但直接迁移上云仍然带来了高达 30% 的成本节约效果！

大规模迁移

　　大约在同一时间，我们开始关闭位于香港的数据中心，母公司新闻集团也开始考虑将现有投资组合中的 7 家公司（包括道琼斯）所掌握的 IT 基础设施集中到统一的运营体系之内。这项工作的目标，当然是为了提供企业整体效率并削减运营开支。时任新闻集团 CTO（目前出任 21 世纪福克斯公司 CTO）的 Paul Cheesbrough 开始在各新闻集团子公司之间进行宣传游说，而我们则着手考量更大规模的数据中心迁移对于所有人究竟意味着什么。

　　通过面向新闻集团下辖各公司进行的商业案例研究表明，如果能够将遍布全球的 50 多座数据中心合并为 6 座三级与四级数据中心，同时将 75% 的基础设施迁移为云服务（其中包括采用 Salesforce、Workday 以及 Google Apps 等软件即服务），那么我们将能够在未来三年之内获得年均超过 1 亿美元的成本节约额度。这笔巨资，显然可以花在更多有望带来收益的行动上。

不止是 IT 部门，这一商业案例研究引起了新闻集团全体高管的一致关注，敦促我们从零散方式改进转变成整体技术改变。根据他们的要求，我们将获得一笔数额可观的支持资金，并需要通过一系列不同迁移策略尽快完成传统系统的云迁移（具体内容将在第 6 章进行详细阐述）。

大约一年之后，当我决定前往 AWS 任职时，我们已经将大约 30% 的基础设施迁移为云服务。这一进度比新闻集团定下的 75% 基础设施迁移比例的计划进度略慢。如今，也就是近四年之后，基础设施的迁移比例刚刚超过 60%。但是，道琼斯只用了两年多时间就达成了"获得年均超过 1 亿美元的成本节约额度"并将之用于有望带来收益的行动的目标。

文化是一切的根基

虽然为上述财务成果感到自豪，但更令我骄傲的，是这项举措彻底改变了我们的企业文化。道琼斯公司的技术部门成为业务发展的有力推手，各级员工也开始意识到技术部门完全有能力在交付给客户的产品中产生非常积极的影响。在过渡期间，我们的正式员工与合同工数量分别由 400 名与 1100 名，快速变化至 450 名与 300 名。公司减员幅度相当明显，但更重要的是拥有更高积极性的参与者们能够更好地集结起来，真正立足产品领域快速行动，并最终给客户与业务带来收益。

在准备离开道琼斯，出任 AWS 公司的新职位时，来自 MarketWatch.com 的工程技术经理 Kevin Dotzenrod 为我准备了一份送别礼物：一份附有图表的电子邮件，其中展示了我在职最后一个月中所发布的软件数量。通过这次转型，工程技术团队不再固定选择每周二与周四（如果顺利的话）才发布新版本。就在这一个月内，我们完成了数百次发布——全部工作完全以自动化方式进行，且仅需要构建变更的开发人员参与其中。

我很清楚，上述案例有着重大的积极意义，但很多读者朋友可能也意识到我忽略了其中存在的一些严峻挑战。没错，这些变更非常困难，我也遇到过大量解决方案遭受质疑、个人可能被辞退，甚至是打算撂挑子放弃的情况。

在做出判断时，我们经常身处于信息不完整且风险不可知的情况之下。总而言之，对于组织中的每位成员，这都是一次宝贵的学习过程——但不太适合保守的"胆小鬼"。我在后续章节中提到的很多观点，实际上正源自这次尝试中出现的挑战（以及无数我曾经接触过的其他企业的真实经历），而用于克服这些难题的策略同样来源于此。

将这种经验带给他人

经历了这一番起起落落，我意识到每一家公司都有必要审视自身，考虑如何演进自身文化以进一步提升技术在其中的重要作用。在这方面，没有哪种推动因素比云计算更具力量。

也正因为如此，我最终选择了 AWS 公司。目前，我的工作是帮助高管团队从已经完成云转型旅程的企业身上汲取最佳实践，从而利用云资源推动其人员、流程以及技术的全面转型。我觉得自己非常幸运，能够有机会与众多出色的高管人士及企业共同学习。也希望大家能够通过本书了解到我在工作中学习并整理出的一些重要内容，进而指导您自己的云探索道路。

第一部分

———

采用阶段

如果您刚刚接触云计算,那么很可能提出这样的问题:"云计算对我的组织而言意味着什么?""我该如何开始?""需要做出哪些改变,又该遵循怎样的顺序?""我将面临怎样的挑战?""团队中的哪些成员应该参与其中?"以及"我该如何与同行们交流云转型意见?",等等。而这些,正是本部分打算回答的问题。

大多数打算利用云服务实现重要目标的企业,都整理出了自己的广泛业务驱动因素与转型计划。这些驱动因素往往与文化、财务或者创新相关,但鲜有高管人士会从技术的角度持续追踪。在大多数情况下,这些努力主要受到主观愿望或客观需求的推动——例如希望进一步提升商业竞争力,或者在组织内建立起更强大的现代化数字功能等。

针对这样的期望,目前存在多种不同的表达方式:IT现代化、云优先、大规模迁移等。但相信大家最常听到的,还是"数字化转型"。

从某种意义上讲,"数字化转型"让你无可非议。大多数高管都会认同其中承载的意义,即企业能够从更高的自动化水平中受益,并借此为客户提供更出色的体验。话虽如此,但在我看来,数字化转型从开头、到中间、再到末尾,都有些闲扯的意味。

但我也不会一味加以否定。如果大家希望以数字化转型为手段推动组织改进,或者按照管理咨询下达的指令而行,那么你尽可放手去做。不过必须强调的是,我们的最终目标绝对不是对技术形态做出转变达到某个预设的目标——而是我们要建立面向技术的快速部署能力,从而满足组织内的业务需求,至于技术的来源反而不再重要。

另外,虽然我不喜欢数字化转型这样的表达,但我承认建立数字化能力或者实现数字化原生能力是个漫长的过程,且往往充满挑战与阻碍。

每一家公司的转型之旅都会有所不同,但我在其中发现了一些常见的模式与共性。很明显，企业高管更乐于向拥有相关经历的人们学习。在与数百家企业进行会面的过程中，我一直在关注他们各自的转型过程与进步方式，并总结出了一套所谓的非完美模式。这些阶段（第一阶段：项目；第二阶段：基础；第三阶段：迁移；第四阶段：重塑）代表着大型组织在逐步迈向数字化企业的无止境的过程中，所必然经历的一切。

第一阶段：项目（第 2 章）

如您所料，大多数组织会以少部分项目为起点，试验如何以不同方式建立 IT 体系，同时探索云计算能够带来怎样的实际收益。由于大多数组织在起步阶段往往缺乏（甚至根本不具备）云技能，因此我一般建议他们选择一个人们相当关注、但又不致太过重要的项目（换言之，不致因项目失败而令您被公司解雇）。而在熟悉了云服务的使用感受之后，大家往往会自发地做出更多探索。

第二阶段：基础（第 3 章）

在这一阶段，高管们开始意识到："好吧，现在我们需要认真探索一些真正的可能性了。为了应对这种规模化尝试，我们需要进行几项基础性投资，从而立足组织内部建立新的能力。"在这一阶段，我们通常会建立一支专门负责转型工作的跨职能团队（我们称之为云卓越中心，简称 CCoE，详见第 24～31 章）并部署"AWS 登陆区"，旨在为云资源的规模化利用建立正确的治理与运营模式。

第三阶段：迁移（第 4～9 章）

随着这种基础性能力的建立，我们观察到各类组织通常开始意识到云计算的介入，能够帮助他们逐步摆脱以往累积的技术债务，从而更专注于实施创新活动。到这一阶段，他们往往已经开发出商业案例，用以量化将遗留系统迁移至云端所能实现的具体收益。

第四阶段：重塑（第 10 章）

随着企业 IT 的布局由内部转移至云端，企业通常会发现自身的运营状态得到显著改善，特别是拥有更为强大的 IT 成本以及业务功能（包括产品与服务）优化能力。包括 GE 石油与天然气公司 [1] 在内的很多企业意识到，在将应用程序迁移至云端的过程中，他们积累起大量专业知识并能够更轻松地借此完成应用优化。也有不少组织开始感受到自我重塑的意义，并将自身新拥有的功能应用到整个业务流程中。

逐步实现云优先

在这些阶段，我们看到许多组织进入"云优先"状态。在将技术解决方案应用于自身业务时，这些组织已经将"我们为什么要使用云"的问题转化为"我们为什么不使用云"。

不同的企业可能在其旅程的不同阶段建立起云优先政策。一部分拥有自信直觉的 CIO 们会尽可能早地在旅程当中宣布云优先；有些人会建立起精心设计的商业案例，从而在实际进行云迁移之前首先证明云优先的意义；有些人为积极开发者或者影子 IT 提供空间，从而将云优先的思维逐渐引入企业之内；也有一些人以试验性方式推进云项目，并通过一个接一个的项目实现云优先（我在道琼斯选择的就是最后一种方式）。

因此，尽管很难为每家组织确定公布云优先的正确时间，但组织内存在的不少特定因素能够有效简化这一流程。

首先，很多企业将自身认为多个松散耦合、独立管理业务单位（简称

---

① https://aws.amazon.com/solutions/case-studies/ge-oil-gas/.

BU）的集合体。根据企业的不同，这些业务单位可能拥有着不同的技术决策自主权。一部分企业拥有高度集中的模型——即中央 IT 部门负责选择及控制哪些技术方案能够跨业务单位使用，另一部分企业给予各个业务部门自行制定技术决策的自主权，而大多数企业介于两者之间。

在组织之内，技术决策的结构方法没有对错之分，我们真正需要关注的是，在集中化（效率与标准化）与自治化（上市时间与创新）之间寻求平衡点。在与广大企业高管的接触过程中，我发现人们越来越支持后一种方法。在这部分内容中，我们将共同探讨未来的技术组织结构、Amazon.com 提出的双披萨团队①概念，以及如何引入云卓越中心并发挥作用。

***

虽然我将这些采用阶段作为一种连续串行的过程，但也发现某些拥有多个业务单位（这些单位间往往彼此无关）的企业可能同时并行处于不同阶段。因此在组织之内，这种多个阶段并行存在的情况亦属正常，而且能够在理想情况下带来更为广泛的飞轮效应。

希望这里提到的采用阶段能够帮助您了解其他组织正在经历的转型情况，并思考如何将这一模式应用于您自己的组织。我们也期待着能够听到来自您的真实声音与反馈！

---

① http://blog.idonethis.com/two-pizza-team/.

第2章

迈出上云第一步？

最初发布于 2016 年 9 月 26 日：http://amzn.to/getting-started-with-cloud

"千里之行，始于足下。"

——老子

在第 1 章中，我们介绍了"采用阶段"（简称 SofA）这一心智模型，用于描述企业在走向云优先的旅程。我发现，这一过程所涉及的更多是领导与变革管理实践，而非技术性运动。而且虽然不存在百试百灵的答案，但我希望采用阶段这一定义能够帮助更多高管朋友在自己的云迁移旅程中获得指导。

本章我们专注于采用阶段中的第一阶段，我将其称为"项目"。第一阶段将详细阐述我在众多企业中观察到的云转型起点与特征。

大多数企业都会以一部分项目为开端，借此探索如何利用云技术满足业务需求。

我的第一个企业云项目（如第 1 章所述）

2012 年，我在道琼斯公司出任 CIO 职务。当时，我的老板（CEO）提出了一个得到广泛认同的重要商机：如果《华尔街日报》（道琼斯公司的旗舰级 B2C 产品）的订阅者掌握着世界上大部分财富，而法克提瓦与道琼斯通讯社（道琼斯的 B2B 产品）的订阅者管理着世界上大部分财富，那么我们应该可以通过为其提供对接与沟通的体系以构建起一套极具价值的交互平台。

道琼斯公司此前从未尝试过类似的项目，而我们希望尽快行动起来。我们建立了一支小型工程师与设计师团队，负责建立原型以验证相关概念。领导也特别关照，为我们提供完全的自由发挥空间，允许我们选择任何能够完成任务的工具。

六周之后，利用几种 AWS 服务、自动化、开源方案以及大量的辛勤工作，我们打造出一款可用性出众且不易受失败影响的应用程序。该应用顺利上线并成功运行使之成为模范项目。由此获得的能力使我们学会如何快速为业务部门提供所需的技术方案。这不仅让我们的团队变得信心满满（很多成员在参加培训之前都相当焦虑），企业决策层也更积极地参与到我们的探索旅程中来。

应该选择怎样的项目作为起点？

一般来讲，我认为组织最好选择那些能够在数星期之内看到成果的项目作为起点。那种需要延续多年的 IT 项目已经不再适应时代的要求，我接触过的大部分企业高管之所以对云计算抱有兴趣，主要是看重云给企业带来的卓越敏捷性。

大家应该为团队提供具备可行性且有时间限制的机会，用以探索真正有意义的目标。根据个人经验，我比较推荐从零开发，这也是很多企业的共同选择。现代 Web 与移动应用比较适合这类需求，因为其中的使用案例与参考架构已经具有良好的广泛性与共识性。此外，我也观察到有部分企业选择 Amazon Workspaces[1] 部署、开发测试环境迁移或者对现有应用程序进行更新或迁移。

对现有应用程序进行迁移时往往比较复杂多样，具体取决于实际架构以

---

[1]　https://aws.amazon.com/workspaces/.

及现有许可机制。在考量待迁移应用程序的复杂性范围时，我通常会将虚拟化、面向服务的架构作为低复杂性的一端，而将整体式大型机视为高复杂性的一端。我建议大家先从低复杂性一端入手。关于迁移场景与模式的更多细节信息，我将在"迁移"阶段中作出更多具体说明。

我们发现，最重要的就是选择的项目既能为企业带来真正的业务价值，又没有重要到不允许学习探索。因此，大家应避免过度烦琐分析陷入瘫痪，而将早期云项目作为一种开始实验的机会。

除非有非常充分的理由，否则我个人强烈反对大家将一个全面的业务转型作为第一个试水性项目。每个企业只具备有限的处理变化的能力，不同企业的这种处理变化的能力存在巨大差异。另外，我还发现过分追求速度超过那种能力就可能带来负面效应。我曾经乐于被同事们称为"牛仔"，但我意识到这并不总是什么好事。曾有人告诉我"成功的荣耀不应该是一个人独自到达了终点"，这让我意识到自己怎样一步步"沦落"为独行侠。我学会了在探索过程中不断自我反思，从而尽可能保持平衡。

如何选择早期云项目的参与人员？（提示：态度很重要）

无论你的组织选择从哪里开始征程，你都要做好心理准备：你的早期云项目除了让一些人兴奋不已，也会让另一些人满心忧虑。

因此，请首先培养那些对新项目感到兴奋的员工，并考虑如何将他们转化为云的宣传者和布道者。我发现，在这类工作中，态度的重要性等同于能力。早期推动者往往具有好奇心强、敢于尝试等特质。因此，请在项目推进的过程中随时关注成员们的表现，您的云卓越中心（第 25 章）的首批骨干很可能会从中产生。关于更多细节内容，我们将在下一个采用阶段（即"基础"）部分详加说明。

要理解那些对新项目不太适应的员工，同时尽可能为其提供工具以引导他们加入云迁移之旅。尽管计算机科学的基本原理仍然适用，但要充分利用云环境提供的优势，我们需要以不同于传统的方式审视这些功能并考量如何

借此实现目标。要敏锐察觉并妥善处理他们的忧虑和关切，请参阅本书的第
15 章以及第 16 章。

早期项目的驱动因素有哪些？

大概两三年之前，大多数云项目仍然由独个业务部门驱动。通常当企业
中央 IT 部门无法及时实现业务部门所需的功能，这些项目就会以影子 IT 的
形式引入。从传统角度来看，影子 IT 往往会引发企业内部的紧张氛围。为了
解决这个问题，云卓越中心团队（第 14 ～ 31 章）将负责为业务部门提供得
到 IT 认可的云参考架构，以帮助业务团队以安全、透明且有序的方式进行
创新。这种方法既能够帮助不同业务部门释放创新能力，同时又能够立足大
规模 IT 体系为中央 IT 部门提供必要的安全性、合规性与一致性保障。AWS
Service Catalog[①] 正是为帮助企业以规模化方式实现这一目标所建立的。

随着云计算成为新的常态，我发现中央 IT 部门开始越来越多地成为早
期云计算项目的主导者。例如，已经有不少金融服务组织专注于削减成本
开支，并希望在更新周期之内利用云计算对自身开发 / 测试环境进行规模
调整。作为典型实例，强生公司就将 Amazon Workspaces[②]作为其早期云实
验项目之一。

---

① 　https：//aws.amazon.com/servicecatalog/.

② 　https：//aws.amazon.com/solutions/case-studies/johnson-and-johnson/.

第3章

云旅程中的四项基础性投资

最初发布于 2016 年 10 月 11 日：http：//amzn.to/cloud-foundation

"良好的肌肤是成就妆容的最佳基础。"

——Holland Rolland

我发现，各类组织的云优先之旅，在很大程度上更是领导方式与变革管理调整之旅——而非单纯的技术转型。此外，虽然并不存在百试百灵的答案，但我仍然希望采用阶段概念能够为高管人士提供引导性模式，帮助他们更加有理有据地引领组织发展。

一般来讲，大多数组织只需要经历几个项目，就会很快意识到他们利用云服务进行成果交付所能带来的速度提升。本章将介绍组织在扩大云迁移收益中的 4 个常见投资方向。我个人将此称为"基础"阶段。

1. 建立云卓越中心团队（第 24 ~ 31 章）

在我看来，建立云卓越中心可谓组织推动云转型过程中最关键的基础性投资之一，且对于文化发展而言极为重要。在我接触过的组织中，有相当一部分将云卓越中心作为整体性的变革创造支点。我将在第 27 章对这一趋势进行详细阐述。

正如在云卓越中心人员配置（第 25 章）部分所提到的，我建议组织能够建立起一支由持不同观点的人员组成的跨职能团队。随着代码驱动下的自动化机制的普及，与系统管理、数据库管理、网络工程以及运营相关的传统职能角色往往会自然而然地彼此携手。另外，我坚信大家已经拥有了实现成功所需要的人才（第 15 章），而目前身居这些职位且乐于了解新鲜事物的任何人选，都有可能被吸纳到云卓越中心当中。问问自己，可能您的心里已经有了比较清晰的答案。

在建立云卓越中心时，请考虑到各个业务部门的参与方式，同时关注您的组织如何管理（集中 / 分散）技术选择工作。

举例来讲，当我们在道琼斯公司建立云卓越中心团队时，我们将其命名为 DevOps——这是特意将其与"谁构建、谁运行"的理念结合起来（第 30 章）。我们当时为 DevOps 团队定下的目标，是要求其负责建立一套能够体现企业内最佳实践、治理与保护方法的运营模式，同时继续为各个业务部门提供自行制定决策以结合自身实际达成对应目标的自主权。随着 DevOps 团队趋于成熟，参考架构也在不断改进，而我们发现有越来越多的业务部门主动要求使用 DevOps 团队提供的服务，并非因为强制要求——因为这些服务能够加快速度、提升效率。

2. 建立能够在业务体系中复用的参考架构

大家应鼓励团队立足于现有应用程序寻找通用的模式。如果您发现了能够满足多款应用程序实际需求的参考架构，请编写脚本以实现参考架构的自动化创建，同时将安全性与运营控制方法引入其中。如此一来，您将轻松为各团队所使用的多种运营系统建立起黄金镜像。对于复杂程度较高的网站架构与运营模式，也可将其整理为指导性蓝图以降低理解难度。

每套参考架构都应充分考虑到与内部资产之间的通信方式。正如我在第 32 章中所提到的，"我曾经与多位希望尽快将基础设施迁移至云端的 CIO 们进行过交流，发现真正能够带来实际意义的上云旅程往往是一个需要时间投入的过程。在这段旅程中，企业需要找到理想的方法以保持系统运行，同时充分利用现有系统投资。"一部分组织可能已经建立起多个安全群组①，通过与现有控制机制相统一的方式经由内部防火墙实现通信；以此为基础，他们会跨越多套不同参考架构对这些安全群组加以复用。

提升云卓越中心在整体 IT 体系中的可见性能够显著降低参考架构的发现与扩展难度。AWS Service Catalog② 就是这样一项专用服务，能够帮助大家以规模化方式立足于组织体系实现参考架构的存储、权限管理与分发。

3. 建立实验文化并推动运营模式演进（第 19 章和第 20 章）

纵观我的职业生涯，云计算是我见到过的最为强大的实验活动使能因素。而且，目前已经有众多组织在云迁移过程中，以强制性方式重新审视自身传统 IT 运营模式。

我发现，组织开始越来越多地重新审视其为各个业务部门提供的技术选择自主权。与此同时，他们也开始认真思考如何管理角色与权限、由谁负责控制成本、哪些工具可以或应该用于监控及记录，以及谁能够对环境作出调整。

以亚马逊为例，我们的每项服务都由一支双披萨团队③ 全权负责，他们需要解决相关客户遇到的各类问题。所谓全权负责，包括决定服务中使用的具体技术、服务发展路线图以及服务的具体运营工作。

我发现，虽然这种"谁构建、谁运行"的出发点可能让一部分员工感到不适，但仍有越来越多的组织开始选择这种方式。许多组织正在敦促其云卓越中心定义适当的运营模式，并以此为基础确定应为各个业务部门提供怎样的参考架构与持续集成工具。在配合适当的指导约束条件之后，这套体系将确保各个业务部门以更频繁的方式发布变更与改进。

---

① http：//docs.aws.amazon.com/AmazonVPC/latest/UserGuide/VPC_SecurityGroups.html.

② https：//aws.amazon.com/servicecatalog/.

③ http：//blog.idonethis.com/two-pizza-team/.

仍以我在道琼斯的经历为例：当时，我们的云卓越中心建立起一条简单但有效的持续集成管道，允许我们摆脱以往的半个月的发布周期，转而随时推出已经准备就绪的小型变更。另外，当我于 2014 年 9 月离开道琼斯时，我们的云卓越中心交给我一份文件，其中囊括他们在当月向 MarketWatch.com 发布的多达 600 项更新。这无疑是我收到过的最有价值的离别礼物。

4. 教育员工，为团队提供学习机会

根据个人经历，我发现教育是确保团队与技术管理者保持步调一致的最佳方法。我将在"最佳实践二：教导员工"部分详细介绍这一主题。另外需要强调的是，员工教育对于企业在如今这个竞争激烈的人才市场上成功留住好苗子同样至关重要。

依我来看，第一资本 [1] 在人才培养方面堪称所在行业的领军者之一。第一资本前任工程技术总监 Drew Firment（现为 A Cloud Guru 管理合伙人）在题为"人才转型才是云采用中的最大难点" [2] 的博文中分享了自己的观点与建议。

一点总结……

请将这些基础性投资，视为将在未来多年当中为组织带来持续回报的重要事务。作为一项长期工作，云转型不可能一蹴而就；相反，我们可以通过迭代以及时间的推移逐步完成变革。您将意识到态度必须坚决，但处理方式却可以是灵活多样的。

---

[1]　https://aws.amazon.com/solutions/case-studies/capital-one/.

[2]　https://cloudrumblings.io/cloud-adoption-the-talent-transformation-is-really-the-hardest-part-b8f288cee11b.

第4章

有意大规模迁移上云？

最初发布于 2016 年 11 月 1 日：http://amzn.to/considering-mass-migration

"人类历史基本上就是人类迁移的历史。考虑到有预测称气候变化可能引发前所未有的大规模移民，也许在不久的未来人类还将经历更多迁移。我们越早认识到迁移的必然性，就能越早对其加以管理。"

——Patrick Kingsley

我第一次将大量应用程序迁移上云的经历发生于 2013 年，当时我在道琼斯公司担任 CIO。我们已经实施了几个新的云项目，并通过我们的 DevOps 团队建立起多种基础云功能。那时候，我们听说当时设立在香港的亚太地区数据中心设施即将被拆除。我们只有两个月时间为运行在那里的数十个应用找到新家。

最终的结果令人惊喜：我们在六周之内 [1] 就全面完成了这次迁移，且没有花钱购置任何新硬件或者对运营程序做出大的调整。我们发现，AWS Marketplace [2] 能够提供与原有硬件负载均衡器与 WAN 加速器具备相同功能的软件方案。而且通过对现有数据库及应用程序进行直接迁移（这是我们第一次在未经重构的情况下将系统迁移至云端），我们的运营成本立即下降了

---

[1]　https://aws.amazon.com/solutions/case-studies/dow-jones/.

[2]　https://aws.amazon.com/marketplace/.

约 30%。

这样的经历催生出后续的大规模商业案例，使得新闻集团（道琼斯的母公司）顺利实现了成本节约。我们计划对 75% 的应用程序进行迁移，将 56 座数据中心合并为 6 座，从而节约或重新分配了超过 1 亿美元资金。随着迁移进程继续迈向 75% 的目标，新闻集团在约两年之后即成功完成了成本控制目标。

现在，我在 AWS 公司的企业战略负责人职位上工作了三年多时间，并有机会与来自数百家企业的高管人士进行对话，帮助他们评估如何将大部分遗留 IT 资产迁移至云端。随着这类云迁移需求的持续增长以及从业经验的不断积累，我在 AWS 的同事们开始进一步权衡如何更好地分享和运用这些宝贵经验，帮助更多企业做好云迁移。本章为云迁移的第一部分，旨在概述我们到目前为止总结出的一些经验与教训。

大规模云迁移究竟是什么？

迁移：将某些东西移到新的地方。

长久以来，人们一直在利用技术进步带来的成果将系统迁移至更为强大的平台上。从手抄本到印刷本，从自发电到配电网，从人工加密解密到数字计算机，从大型机到商用硬件再到虚拟化等皆在此列。

事实上，迁移的基本过程——包括了解新系统的优势、评估现有系统的不足、规划和迁移——在漫长的历史长河中并没有发生多大变化。不过我发现，在将大量遗留应用程序迁移至云端的过程中，由此带来的显著变革要求有时可能给组织造成严重恐惧。现代企业中的 IT 环境正变得愈发庞大也愈发复杂，而组织本身也就很难在清退技术债务的同时，顺利建立起新型系统。

在这部分的三章内容中，我们将把大规模迁移定义为将组织内现有 IT 资产中的有价值部分迁移至云端的过程。这里仍然简单沿用"迁移"这一表述。迁移工作可能涉及数据中心、数据中心集合、业务单位或者任何大于单一应用程序的其他一些系统组合。

临近迁移

将对技术迁移的理解与实践经验相结合，我们得以帮助各类组织将其 IT 组织迁移至 AWS 中。为此，我们开发出两种心智模型，且其已经帮助众多客户成功实现了面向云端的大规模迁移任务。

第一种心智模型涵盖了我们总结出的几种迁移模式。这种五段式迁移过程可能会帮助您实现对数十、数百甚至成千应用程序的云迁移工作。

第二种心智模型则被称为"6 个 R"，其主要为单一应用程序云迁移场景提供 6 种不同执行策略。

这些心智模型以既有经验为基础，能够以指导原则形式帮助您顺利完成迁移工作。当然，它们并不属于硬性规则，毕竟任何组织都面临着自己特殊的约束条件、预算额度以及政治、文化与市场压力因素，而这一切都将影响到实际决策过程。

迁移过程（第 5 章）

正如之前所提到，云迁移过程通常包含以下 5 个阶段：机会评估、组合发现与规划、应用设计、迁移与验证以及运行。

虽然任何迁移工作都不存在完美的路径或者过程，但我们发现这种心智

模型确实能够帮助客户更好地实现迁移，并使我们（AWS）得以整理出最适合常规迁移需求的实践、工具以及合作模式。

关于"迁移过程"的深入探讨，请参阅第 5 章。

应用程序迁移策略："6 个 R"（第 6 章）

我们可以通过多种方式将应用程序迁移至云端，而且正如"迁移过程"部分所言，这些方式各自有着不同的优势与短板。但根据实践经历，我们发现以下 6 种方法最为常见：

- 重新托管（亦被称为"直接迁移"）
- 平台更新（我有时将其称为"修补加迁移"）
- 重新采购（迁移至不同的产品或许可，通常为 SaaS）
- 重构（通过重构或重新规划充分利用云原生功能）
- 清退（淘汰）
- 保留（什么也不做，通常代表"稍后处理"）。

（备注：上述策略以 2011 年 Gartner 公司发布的"5 个 R"原则为基础）[①]

您准备好进行大规模迁移了吗？

大规模迁移通常需要整个组织通力配合，且一般要求组织已经具备一定的云服务使用经验。

关于这 6 种应用程序迁移策略的更多细节信息，请参阅第 6 章。

我在第 2 章与第 3 章的大规模迁移部分已经详细阐述了各类常见的组织准备活动。当然，随着云市场的成熟与发展，可供借鉴的成功案例亦在快速增加，这促使更多高管在转型旅程早期就开始考虑大规模迁移选项。

---

① 　http://www.gartner.com/newsroom/id/1684114.

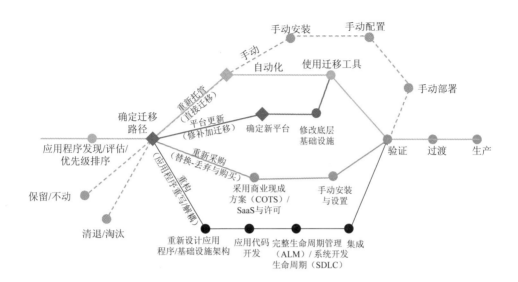

如果有充分的理由在缺少现有经验的情况下进行迁移，请首先以商业案例作为考量起点。但我仍然强烈建议大家尽量将重心前移，优先开展本书提到的初始阶段的工作。

第5章

大规模迁移至云端的流程

首次发布于 2016 年 11 月 1 日：http：//amzn.to/migration-process

"我们不能也不应该阻止人们迁移。我们必须为他们提供更好的日常生活。迁移是一种过程，而非问题。"

——William Swing

本章将概述五段式"迁移过程"，希望帮助高管们在考量大规模云端迁移时得到启示。本章为系列三章中的第二部分。第 4 章（本系列的第一部分）介绍了大规模迁移概念，在本书中我们将其简称为"迁移"。第 6 章（本系列的第三部分）则将介绍应用程序云迁移工作中的 6 种可行策略。虽然各章节独立存在，但由于其内容相互关联，因此推荐您将其视为一个系列化整体。

迁移过程结合了我们（AWS）对技术迁移的理解以及我们在帮助众多组织进行 IT 资产组合迁移时积累的实践经验。这一基于经验的过程将提供多项指导原则而非固定快速的执行细则，以帮助您逐步完成迁移工作。每个组织都拥有着自己的独特约束条件、预算额度以及政治、文化与市场压力等因素，这一切都有可能影响您的实际决策过程。

迁移与验证

机会评估　　组合发现与规划　　应用设计　　运行

第一阶段：机会评估

哪些商业案例或者重要事件，促使您将工作负载迁移至云端？

在理想情况下，您应该结合一部分既有经验（详见第 2 章与第 3 章）并借此考虑商业案例迁移的收益。在云市场的形成阶段，迁移工作往往出于本能性反应——即某位高管认为这代表着正确的发展方向。随着市场的发展，越来越多的企业开始考虑迁移什么以及如何迁移，而能够推动组织整体采取迁移行动的商业案例和重要事件也变得越来越多。

虽然我不可能了解每一项商业案例或重要事件，但在实际经历中，我发现数据中心租约到期、提高开发者生产效率、业务全球化扩展、即将进行的并购活动和架构标准化已经成为其中最为常见的驱动性因素。

举例来说，我们的一家合作客户开发出一个用于增强开发者生产力的商业案例。客户（理所当然地）认为通过将数据中心迁移至 AWS，并在过程当中培训开发人员，将能够使 2000 名开发人员平均获得 50% 的效率提升。由于消除了基础设施的配置等待时间，且能够直接访问超过 80 项现成商用服务（无须自行构建或单独采购），该公司有望每年获得相当于 1000 人年的开发者效率提升。客户打算利用这部分额外的生产力支持 100 个新项目（每个项目分配 10 位开发人员），从而找到新的净收入增长来源。（作为拥有 CIO 任职经历的从业者，这可能是我最推崇的商业案例。当然，如果大家想听到其他有吸引力的商业案例，请告知我，我们将在其他文章中进行分享。）

即使您的组织不需要正式迁移至云端的商业案例，我认为领导者们仍然有必要在这方面建立明确的目的以及积极并可行的、整个组织可以团结在其周围的目标（第 13 章）。事实上，很多遭遇迁移失败的组织正是缺少这样的目的和目标。

随着迁移工作的推进，您将可以得到磨练去创造更多的价值，思考如何将这种价值信息传递给组织，并以更具信心的方式引导组织采纳这种即用即付的 IT 服务采购模式。

第二阶段：组合发现与规划

您的环境中有些什么要素、其依赖性如何、您打算首先迁移什么，又将如何实施迁移？

在此阶段，组织通常会对自身配置管理数据库（Configuration Management DataBases，CMDB）、机构知识以及部署工具（例如 AWS Discovery Service[①] 和 RISC Networks[②]）进行检查，从而深入理解他们的周边环境。利用这一知识，组织将能够整理出一份计划（随着迁移与学习的进展将相应变化），用于阐明通过怎样的顺序对组织内的各应用程序进行迁移。

对现有应用程序进行迁移的具体复杂程度，取决于您的实际业务架构以及当前的许可安排。如果要将应用程序迁移的复杂度范围视为一段频谱，那么我会把虚拟化且面向服务的架构作为低复杂性的一端，整体式大型机应用则作为高复杂性的一端。

在这里，我建议大家从低复杂度一端作为起始，因为其明显更易于实现——这将为您快速带来积极的反馈，或者可称为"快速胜利"。

此外，复杂性也会影响具体迁移方式。托管在虚拟化环境中的现代应用程序往往更容易直接迁移，而且刚刚开发 3 年的技术方案在技术债务方面也远少于拥有 20 年历史的技术方案。在这方面，我们强烈倾向于采取重新托

---

① 　https://aws.amazon.com/about-aws/whats-new/2016/04/aws-application-discovery-service/.
② 　http://www.riscnetworks.com/.

管（亦称"直接迁移"）。另外，由于无法对大型机进行直接迁移，我们也强烈倾向于进行功能合理化与架构重构。我们（AWS 与 APN 迁移合作伙伴）[①]正在尽一切可能降低大型机（以及其他遗留系统）的迁移门槛（请联系我以了解更多细节信息）。但必须承认，截至目前还不存在百试百灵的解决办法。

第三阶段与第四阶段：应用程序的设计、迁移与验证

我通常将这两个阶段称为"迁移工厂"，其中迁移工作的关注重点由组合层面转移至单一应用程序层面。而每一款应用程序都将根据六项应用程序迁移策略（第 6 章）中的一项进行设计、迁移与验证。

这里建议大家采取持续改进的方法。首先从复杂度最低的应用程序开始学习如何执行迁移，了解关于目标平台的更多信息；而且随着组织内有关云和迁移知识的普及提升，将能够实现更复杂的应用程序的迁移。

为了快速扩展迁移工厂的规模，这里建议大家建立敏捷团队，专注于特定类型的迁移主题。可以指派多个团队致力于负责一种或者多种迁移策略、常见的应用程序类型（包括网站、Sharepoint、后台等）、不同的业务单位或者是这些因素间的某种组合。确定迁移主题提升各团队的专注水平，将进一步加快他们整理出常见模式以及执行迁移工作的速度。在理想情况下，此前建立的云卓越中心（第 24 ～ 31 章）将为各团队的迁移事务提供建议与指导，从而帮助其切实取得进步。

最后，请确保您拥有一套遗留系统的测试与清退策略。好消息是，大家在清退旧有硬件时不必再经历新硬件的采购与配置过程。大家可以在对流量、用户或内容进行迁移的同时，保留一段时间原有的环境。为了缩短这一时段，请确保每项业务的负责人皆参与其中并准备好实时验证迁移结果，同时在实施过程中不断衡量二者在成本与性能方面的差异。

[①]　https://aws.amazon.com/migration/partner-solutions/.

第五阶段：现代运营模式

最后，随着应用程序的持续迁移，将对新的基础设施进行迭代改进、关闭旧有系统，同时不断更替直到建立起现代运营模式。

在就职于道琼斯时，我们曾以迁移来强制性采纳 DevOps 文化（第28～31章），而且如今已经有越来越多的高管希望以同样的方式为组织引入敏捷理念、精益文化或者其他听起来很精彩的能够推动应用程序开发效率的方法。

在这里，我鼓励大家把自己的运营模式理解成不断进步的人员、流程与技术组合，这些因素会在应用程序的迁移过程中持续改进。大家不需要以一蹴而就的心态指望快速解决一切可能出现的问题。在理想情况下，您会在建立商业案例的同时积累起新的开发基础。如果没有，请利用此前几次应用程序迁移积累得到的经验不断改进现有运营模式，并随着迁移工厂体系的加速推进提高其复杂成熟度。

第6章

六项策略将应用程序迁移至云端

最初发布于 2016 年 11 月 1 日：http: //amzn.to/migration-strategies

"新移民生活得如何——这取决于诸多因素：教育、经济状态、语言、登陆地点以及在该处获得了怎样的支持。"

——Daniel Alarcón

本章概述了我们从客户身上观察到的 6 种具体应用程序云迁移策略。这些策略以 Gartner 公司于 2011 年 ① 提出的 "5 个 R" 理论为基础。这是云迁移相关系列 3 章中的第三部分。虽然各章内容也可独立参考，但我建议大家作为一体来阅读。

制定迁移策略

企业通常会在迁移过程中的第二阶段期间（即组合发现与规划），开始考虑如何对应用程序进行迁移。在这一阶段，他们会意识到自己的环境中存在什么、拥有怎样的相互依赖性、哪些易于迁移而哪些难以迁移，并逐渐探索出对每一款应用程序的具体迁移方法。

---

① http: //www.gartner.com/newsroom/id/1684114 .

利用这些知识，组织可以概括出一项计划（该计划应随迁移与学习过程的推进而随之变化），用于指导如何对组合内的每款应用程序进行迁移以及以何种顺序进行迁移。

如第 2 章所述，对现有应用程序进行迁移时的复杂性多种多样，具体取决于架构以及现有许可安排。如果要将应用程序迁移的复杂度范围视为一段频谱，那么我会把虚拟化且面向服务的架构作为低复杂性一端，整体式大型机则作为高复杂的一端。

这里，我建议大家从低复杂度端点作为起始，因为其更易于实现——这将为您快速带来积极的反馈，或者可称为"快速胜利"。

应用程序迁移策略：6 个 R

最常见的 6 种应用程序迁移策略分别如下。

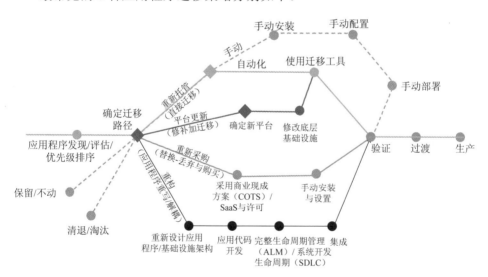

（1）**重新托管（Rehosting）——亦称为"直接迁移"**。我们发现，很多早期的云项目利用云原生能力进行从头开发。但对于大型迁移场景来说，组织一般希望尽快扩大迁移规模以满足商业案例需求，在这种情况下大多数应用程序将采取重新托管的处理方法。以 GE 石油与天然气公司为例，即使不实施任何云优化，也可以仅通过重新托管获得约 30% 的成本节约成效。

大多数重新托管方法可能通过工具实现自动化（例如 AWS VM Import/ Export），但也有一些客户倾向以手动方式执行，从而在部署过程中学习如何将遗留系统与新的云平台进行适配。

我们还发现，一旦应用程序开始运行在云端，其优化 / 重构难度将会显著下降。这一方面是因为组织在此期间发展出了更强大的技能，另一方面则是因为优化 / 重构工作中最困难的部分——即应用程序、数据与流量迁移——已经完成。

（2）平台更新（Replatforming）——我有时会将此称为"修补加迁移"。大家可以在此期间执行一部分云（或者其他）优化，从而实现一些切实收益；但请注意，我们不会在这里对应用程序的核心架构作出变更。大家的目标一般比较明确：希望通过将数据库实例迁移至 Amazon 关系数据库服务（简称 Amazon RDS）[1] 等数据库即服务平台，或者将应用程序迁移至 Amazon Elastic Beanstalk[2] 等全托管平台，从而减少对应的管理时间投入。

我们接触过的一家大型媒体企业希望将数百台 Web 服务器由内部环境迁移至 AWS 云并在此过程中将 WebLogic（一种许可费高昂的 Java 应用容器）替换为 Apache Tomcat[3]（一套开源版本的同类方案）。通过迁移至 AWS，该公司不仅在资源成本与敏捷性方面得到改善，同时也节约了高达数百万美元的许可费用。

（3）重新采购（Repurchasing）——转移至不同产品。最为常见的重新采购活动体现为转移至 SaaS 平台，例如将 CRM 转换为 Salesforce.com、将 HR 系统转换为 Workday 以及将 CMS 转换为 Drupal 等。

（4）重构与重构（Rearchitecting）——重新规划应用程序的架构与开发方式，且通常考虑到云原生特性的优势与功能。这项工作一般受到添加功能、提升规模或者强化性能等明确业务需求的驱动，且这些目标在应用程序的原

---

[1]　https：//aws.amazon.com/rds.

[2]　https：//aws.amazon.com/elasticbeanstalk/.

[3]　http：//tomcat.apache.org/.

有环境中往往很难实现。

大家是否希望由整体式架构迁移至面向服务（或者无服务器）架构，从而提升敏捷性或者强化业务连续性（我就听说过有些运维人员不得不在 eBay 上为大型机购置风扇皮带的故事），这种迁移模式往往最为昂贵，但如果能够借此实现良好的产品 - 市场契合度，那么其同样也是最具回报的迁移方法。

（5）清退（Retire）——摆脱原有束缚。一旦明确了环境中现有的一切，大家就可以对每款应用程序的实际归属进行判断。我们发现，约有 10% 的企业 IT 组合（我甚至看到过高达 20% 的情况）已经彻底废弃不用，即可以直接关闭。由此带来的成本节约能够用于支持商业案例、引导团队将注意力集中在真正具有实际价值的工作上，同时有效减少攻击面。

（6）保留（Retain）——这一般代表着"以后再说"或者（暂时）什么都不做。可能大家都会面对一些正等着做旧老化的应用，还有刚升级暂时没有优先级的应用，或者暂时不打算迁移的某些应用。在迁移之初，大家应该尽量选择那些对业务拥有直接影响的应用方案。而随着技术资产组合逐步由内部形式转换为云形式，这种保留需求将会自然而然地快速减少。

第7章

云原生还是直接迁移

最初发布于 2017 年 1 月 30 日：http：//amzn.to/cloud-native-vs-lift-and-shift

"在我们渴望的机会、不堪的回忆以及过往的错误之间，永远存在着矛盾与冲突。"

——Sean Brady

我曾经与多位高管探讨过对 IT 组合内各类应用程序进行迁移的具体方法。虽然这些问题不存在百试百灵的通用答案，但我们仍然会投入可观的时间同企业一道制定严谨的迁移计划，同时充分考虑到其实际目标、应用程序的年龄、架构以及现有约束性条件。而这项工作的意义，在于帮助他们将现有 IT 组合中的应用程序划分至 6 种迁移策略中的一种（第 6 章）。

在某些情况下，选择可能显而易见。我看到很多组织正着手将其后台技术与最终用户计算类应用程序迁移为即服务模式（以"重新采购"方式转换为 Salesforce 以及 Workday 等方案）；一些组织希望清退自己不再使用的系统；也有部分组织打算稍后再回头处理那些自己可能不想或者没有能力立即迁移的系统（特别是大型机，但实际上大型机也可以迁移至云端，详见第 9 章）。

但对于其他一些情况，答案可能没那么明显。第 7 章将探讨重构与重新托管（即"直接迁移"）之间的区别。我曾听到很多高管（在学到更多之前我自己当初也同样）表示，他们只会在"找到正确方法"之后才选择进行云

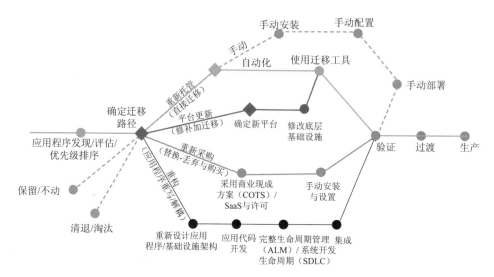

迁移——换言之，找到迁移至云原生架构的途径。大多数高管倾向于选用重新托管策略，因为他们希望实现快速的迁移。诸如数据中心租约到期、避免昂贵的更新周期或者快速符合预算分配，都足以成为这种强有力的理由，并直接带来相当于内部总体持有成本 30% 左右的节约成效。

　　平台更新可以视为重新托管与重构之间的一种存在状态，意味着我们不需要投入大量时间进行整体重构，但同时又针对应用程序进行一定调整以充分发挥云原生功能或者实现其他优化效果。这部分中间地带包括根据实际容量场景设置正确的实例规模，无须过度购买仍能确保其具备规模伸缩能力；或者由 WebLogic 等付费产品转移至 Apache Tomcat 等开源替代方案。①

　　那么，哪种方法更适合您的组织？

　　如果不考虑特定机会和限制条件（感兴趣的朋友可以通过邮件与我就此进行交流），我们很难得出明确的答案。但在这里，我可以通过一些故事为大家提供一些可供参考的观点。

　　首先来看 Yury Izrailevsky 在博文中表达的意见。②Yury 是网飞公司云与平台工程副总裁，同时亦是业界备受尊敬的意见领袖。

———————————

　　①   http：//tomcat.apache.org/.

　　②   https：//media.netflix.com/en/company-blog/completing-the-netflix-cloud-migration.

网飞公司的云迁移之旅始于 2008 年 8 月,当时我们刚刚经历了一场严重的数据库损坏事故,且在三天时间里无法向成员配送 DVD 产品。就在那时,我们意识到我们必须远离现有数据中心内纵向扩展关系数据库中存在的单点故障,转向更为可靠、具备横向扩展能力的分布式云系统。

我们选择了 Amazon Web Services(AWS)作为云服务供应商,因为其为我们提供规模最大且最为广泛的服务与功能选项。到 2015 年,我们的大多数系统(包括全部面向客户的服务)已经全面迁移至云端。从那时开始,我们开始进一步投入时间以寻求安全可靠的云迁移路径,希望解决计费基础设施与客户及员工数据管理系统两大难题。我们很高兴地在 2016 年 1 月,也就是经过七年的持续努力,终于全面完成云迁移,同时关闭了流媒体服务使用的最后一个数据中心!

考虑到云计算带来的明显收益,我们为什么用了整整七年才完成全面迁移?实际上,云迁移是一项艰苦的工作,我们在这一过程中必须做出一系列艰难的选择。可以说,最简单的云迁移方式就是将所有系统从数据中心不经改变,直接投放至 AWS 云中。但如果这样做,内部数据中心的所有问题与限制也将随之一同流入云端。因此,我们选择了云原生方法,几乎重构了自身所有技术方法,并从根本层面改变了企业的运营方式……我们构建起众多新系统,也在过程中学习到大量新技能。将网飞全面改造成一家云原生企业是一项费时费力的大工程,但这一举措最终使我们在市场上占据更为有利的位置,并持续快速发展成强大的全球电视网络。

Yury 的经验既有指导性又具启发性,我完全相信他们摸索出的重新架构方法与经验充分符合网飞公司的实际需求。

但大多数企业与网飞的情况不同,其选择云迁移的动机自然也有所差别。

几年之前在道琼斯担任 CIO 时,我们最初抱持着一种象牙塔般的理想态度——即迁移的一切都需要进行重新架构,从而全面甚至强制性实现自动化与云原生功能。这套方法原本工作得不错,直到我们必须在不到两个月时间内腾出一座数据中心。我们开始直接将该数据中心内的大部分负载直接托管至 AWS 中，同时进行了一些平台更新工作，希望能够在实现某些小规模优化的同时继续满足时间限制的要求。有些朋友可能会说，要不是之前已经积累了一些经验，我们根本不可能在短时间内完成这项工作——也许有道理，但我们确实在匆忙之中交出了不错的答卷。我们将成本降低了约 30%，这个经历帮助我们建立了商业案例，通过将 75% 的应用程序迁移至云端帮助整个新闻集团（我们道琼斯的母公司）节约或重新支配超过 1 亿美元资金，并将我们的数据中心由原本的 56 座合并为 6 座。

作为数字化转型工作的重要组成部分，GE 石油与天然气 [①] 公司将数百款应用程序重新托管至云端。在这一过程中，他们将总体拥有成本降低了 52%。GE 的 Ben Cabanas 作为一位极具前瞻性的技术高管，曾告诉我与我的经历相似的故事。他们当初也曾计划对一切进行重新设计，但此后他们很快意识到这项计划耗时太久，而直接进行重新托管同样能够带来巨大的成本节约以及宝贵的经验积累。

在这方面，耐克公司全球 CIO Jim Scholefield 作出了一语双关的总结："有时候，我会告诉团队，直接'动起来'就行了。"

有些批评者可能会说，重新托管改变不了"烂摊子"，但我认为不止于此。我将重新托管的优势归结为两大核心。（我相信还有其他优势，感兴趣的朋友可以联系我提供更多观点，我会在后续文章中讲述您的故事……）

首先，重新托管在自动化情况下需要的时间投入更低，其通常能够直接将总体拥有成本降低约 30%。在从过程中积累经验的同时，您将能够更轻松地重构技术以进一步增强成本节约效果，包括正确调整实例规模以及选择开源替代方案。您的实际节约效果可能与我们说的有所不同，具体取决于您的原有内部 IT 成本以及对成本的衡量准确度。

其次，一旦开始在云端运行，应用程序重构与重塑的难度将显著下降。这一方面是因为工具链集成度的明显提升，另一方面则是因为员工将在接触重新托管方法的过程中逐步掌握云原生架构的相关知识。我们的一位合作客户就曾

---

① 　　https://aws.amazon.com/solutions/case-studies/ge-oil-gas/.

在几个月时间内通过对多款核心客户应用程序进行重新托管节约了 30% 的成本，并在后续无服务器架构重构中一举削减了高达 80% 的总体拥有成本！

重构往往需要更长时间，但对于企业而言，这也是一种非常高效的文化构建途径。如果应用程序符合市场需求，亦会带来健康的投资回报率。当然，更重要的是，重构将为您在接下来的数年时间中奠定稳固的持续创新的基础，帮助您在激烈的市场竞争中提升业绩表现。

虽然我承认，在这方面不存在适用于一切组织的统一答案，当业务应用需要新的能力（包括性能、可伸缩性、全球化、实现 DevOps 或敏捷模式等）时，建议大家充分考虑利用云原生架构进行重构。而对于那些您不打算重新采购、清退或者稍后处理的稳定应用程序，重新托管或平台更新往往是比较理想的选择。无论选择哪一种迁移路径，您都将为持续重塑创新铺好道路。

第8章

认真考量直接迁移方法的四个理由

——*Joe Chung*，*AWS 企业战略师兼布道者*
初次发布于 2017 年 12 月 6 日：http://amzn.to/4-reasons-lift-and-shift

"……需要改造的是环境，而非人；可以确信，只要为人提供正确的环境，他们将表现得更好。"

——Buckminster Fuller

作为 AWS 公司的一名企业战略师，我经常与客户讨论应采取哪些策略帮助其将工作负载迁移至云端。有时候，企业客户的高管会表示不想把任何遗留工作负载迁移至云端；相反，他们希望专注于利用 AWS Lambda 等无服务器服务开发出全新架构。我也理解为什么企业不愿意背着传统技术债务将应用迁移至云端——虽然这样做有助于减少"烂摊子"，还有成本节约的好处。此外，考虑到我们生活在一个安全审查极为严格的时代，组织在云环境中将执行远高于内部数据中心的标准。这可能要求企业对其应用程序进行重构；但根据我的个人经验以及从众多客户身上观察到的实际情况，直接迁移应该被视为将工作负载迁移至 AWS 云的核心迁移路径之一。

AWS 公司企业战略全球负责人 Stephen Orban 就曾通过一个典型案例解释了各类组织为何应当将直接迁移视为一种重要的迁移策略与手段。Stephen 提到的相关助益包括降低成本以及提升性能与韧性。我会在后面对此进行深入讨论，因为根据实践经验，我发现直接迁移对于大多数组织而言确实是一种均衡且整体性的迁移方法。

在讨论直接迁移为何能够为应用程序注入新的活力之前，我想首先介绍一下考量软件应用的新型心智模型。我认为应用程序就像是自然界中的有机物，其出生、进化、变形、沟通，并与其所处环境内的其他生物进行相互作用。进一步说，这些应用程序与其他应用程序沟通并共同生存在作为生态系统的数据中心环境之内。在我看来，这些应用程序的执行与演进能力在很大程度上受到实际环境的影响——类似于生物 DNA 会根据周边环境调整自身表达。在这里，我希望提出的论点是，AWS 能够提供更理想的环境（主要体现在服务规模与多样性方面），且其实际水平远远超过绝大多数内部数据中心。

理由一——SSD 为王

AWS 提供 13 个计算实例系列，具体包括内存优化型实例、存储优化型实例以及服务器优化型实例等。尽管虚拟化为企业带来了更灵活的资本分配能力，但大多数组织显然无法提供同样丰富的资源配置选项。而且需要强调的是，这种性能多样性在利用固态驱动器（Solid-State drives，SSD）的场景下变得尤为重要。配备 SSD 的存储 I/O 密集型实例特别适合匹配数据库等工作负载。目前各类存储介质的价格正在全面走低，但大多数企业仍然很难承担得起将原有磁盘驱动器全部升级为 SSD 所带来的高昂投入。在这方面，SSD 的速度通常比传统磁盘驱动器快 2～5 倍，因此能够为某些特定工作负载类型带来巨大的性能提升空间。此外，在 AWS 的帮助下，组织可以更有针对性地使用 SSD 支持型实例。当然就像我之前的公司那样，客户也可以将全部数据库迁移至 SSD 支持型实例中，从而为每一位员工带来生产效率增强。

理由二——破除应用程序顽疾

大多数人都会从横向扩展的角度理解云资源的弹性，但其同样具备纵向扩展能力。虽然大家可以对内部环境进行纵向扩展，但 AWS 提供的上限阈值要远超大多数内部数据中心。例如，AWS 中资源配置最为强大的实例来自 X1 虚拟服务器系列。[①] 这一 x1e.32xlarge[②] 实例拥有 128 个 vCPU、4 TB 内存，配备 SSD 存储以及接入 EBS 的巨大专用传输带宽（14 000Mb/s）。客户普遍利用这一实例承载 SAP HANA[③] 等高强度工作负载。

我接触过的一位客户，他就面临着严峻问题：发现某款应用程序中存在导致性能瓶颈的查询错误。由于更改代码的风险太高，因此其选择将该数据库服务器直接迁移至 X1 实例，并在当前峰值使用需求结束后回退到更加低廉的实例规模。作为曾经在 IT 部门负责应用程序开发的员工之一，我一直非常赞赏这种利用基础设施性能破解应用程序顽疾的办法。当然，我也希望能在开发周期之初就揪出这些问题，但如果做不到，AWS 提供的强大资源储备能够帮助你解脱束缚，这是开发运营团队的福音。

理由三——各有所长

关系型数据库（简称 RDMS）在过去 40 年间一直是应用程序后端的唯一选项。尽管关系数据库在多种查询类型中确实有出色的表现，但仍有一些可能令其"水土不服"的工作负载存在。全文搜索就是一个典型实例，这也解释了基于 Lucene 技术的 Apache Solr[④] 以及 ElasticSearch[⑤] 为何能够在这类用例中广受好评。

下面再来聊聊我职业生涯中的另一个故事——这也是我多年经验总结出的一项结论，即"各有所长"。具体来讲，我会根据特定用例的需求选择最适宜的技术，而非依据团队已经掌握、比较适应的技术做出最佳技术决

---

①   https：//aws.amazon.com/ec2/instance-types/x1/.

②   https：//aws.amazon.com/about-aws/whats-new/2017/09/general-availability-a-new-addition-to-the-largest-amazon-ec2-memory-optimized-x1-instance-family-x1e32xlarge/ .

③   https：//www.sap.com/products/hana.html .

④   http：//lucene.apache.org/solr/.

⑤   https：//info.elastic.co/branded-ggl-elastic-exact-v3.html.

策。这项原则的一个实例，是我参加的一个应用程序团队曾尝试在业务发展过程中开发更多的创新成果。当时，用户一直在抱怨我们缺乏创新精神并且开发不够敏捷，特别是在应用程序的内部搜索功能方面做得不够。我们打算在应用程序之外启动一个 ElasticSearch 实例，借此将应用程序数据整合至 ElasticSearch 中，而后对前端 Web 应用程序进行小规模重构。（ElasticSearch 提供多种基于 REST 的出色 API）我之所以一直对这个故事印象很深，是因为团队当时没有冒着巨大风险对应用程序进行整体重构并立即引入 Amazon ElasticSearch^① 或者 Amazon CloudSearch^② 实例。通过这种方式，团队也不需要在 NoSQL 集群的配置技能与管理方面投入精力与资源。AWS 云直接使众多服务各取所需，帮助应用程序顺利演进。

理由四——整体式应用的演进

相信大家对于微服务架构的优势已经不再陌生^③。总结其核心强项，就是经过精心设计的微服务架构往往拥有可观的独立部署能力与可扩展性。此外，如果微服务能够配合正确的粒度控制或"限界情境"^④，那么风险影响半径也将得到有效削减（例如性能与变更等）。

像网飞与亚马逊这样的企业已经全面普及微服务架构以推动创新并扩展自有应用程序。但一般来讲，人们对微服务仍然存在着不少认知误区——特别是其独立性，或者说该如何在不同微服务之间进行清晰的界线划分。对于这个问题，我和我的团队总结出了一套简单有效的判断方法：如果破坏掉数据库，有多少其他团队或者微服务会因此受到影响？很多客户在这种情况下才会不安地意识到，他们的后端实际上仍然为多个团队所共享。在我看来，为了实现独立部署与可扩展性，微服务应该与代码库、表达层和业务逻辑直

---

① 　https://aws.amazon.com/elasticsearch-service/.

② 　https://aws.amazon.com/cloudsearch/.

③ 　https://aws.amazon.com/microservices/.

④ 　https://martinfowler.com/articles/microservices.html.

至持久性存储隔离开来。

如果我对微服务隔离的观念引起了您的共鸣，那么如何在架构上实现这种隔离将耗费不菲。在我看来，在内部基础设施中，启动新代码库、Web 服务器、应用服务器以及数据库服务器往往会带来高昂的成本（包括配置与运营等成本）；此外，配置过程也将相当缓慢。与之相反，在云环境中启动这些基础设施组件则既快速又便宜，特别是在使用 Amazon RDS[①] 或者 AWS Lambda[②] 的情况下。

关于如何对整体式应用程序进行演进，我们已经在 re：Invent 大会上多次提及——也就是 gilt.com 的演示资料。可喜的是，gilt.com 演讲人讲解的应用程序的演进同样适用于众多企业级应用。简言之，由于可扩展性与敏捷性有限，Gilt 当时需要发展其电子商务平台。因此，该公司开始在原有应用程序之外启动微服务架构，并一路推进直到围绕原有的核心应用程序形成了众多的"微服务丛林"。这里要向大家强调一点：这类微服务架构会很难在内部环境构建完成——特别是考虑到前端与后端技术多样性。

如果您一直因为"烂摊子"问题而怯于行动，希望本章内容能够帮助您开拓思路、为直接迁移做好准备，并勇于将其作为迁移工作中的核心策略。

[①]　https：//aws.amazon.com/rds/.

[②]　https：//aws.amazon.com/lambda/.

第9章

没错，大型机也可以迁移至云端

最初发布于 2017 年 1 月 9 日：http: //amzn.to/migrate-mainframe-to-cloud

    对于不少规模可观且运营良好的企业而言，大型机通常被视为一大阻碍或者拖慢云迁移的制约性因素。很多企业感到自己没有具备大型机迁移技术与经验的人才，而原有大型机技术人员则显然对云迁移工作缺乏动力（但我认为您已经拥有了自己需要的人才，详见第 15 章）。诚然，并不存在能够轻松将大型机应用程序直接迁移至云端并现代化的百试百灵的解决方案，但我们仍然可以通过多种合理方法运用各类迁移策略（详见第 6 章）。为了解决这个问题，下面是 AWS 公司的 Erik Farr——他去年曾与 Infosys 公司合作开展 AWS 大型机现代化实践工作。

    在 Stephen 最近发布的大规模迁移系列博文中（第 4 ～ 9 章），他经常会谈到应该将云迁移工作根据实际复杂度水平划分成一段频谱。在这一频谱内，他将采用虚拟化、面向服务型架构的工作负载视为低复杂性一端，而将整体式大型机视为高复杂性一端。这样做当然是有理由的：大型机几十年以来一直与组织密切契合，且通常运行有具有特定性能与安全要求的任务关键型工作负载，甚至直接决定着企业业务能否顺利运作。在与客户讨论整体 IT 环境与云迁移策略时，他们通常倾向于跳过大型机工作负载将其划入"以后再说"类别。然而，对于那些有重要原因放弃大型机或者开始处理遗留问题的企业而言，已经是时候认真考虑大型机的迁移工作了。

我曾有幸与 AWS 的优秀合作伙伴 Infosys 合作，以 AWS 代表的身份帮助其进行大型机迁移。这段经历让我对这类任务拥有更深刻的理解。该公司几十年来在大型机现代化领域一直扮演着领导者角色，而如今开始将这些经验扩展至大型机工作负载迁移领域，希望借此建立起新的核心竞争力。利用其知识管理平台（Ki），他们得以分析客户的大型机代码以了解其中确切运行有哪些工作负载。

整个过程的结果一般在 6 周之内即可显现，我们此后会借此帮助客户建立商业案例，并最终制定出完整的大型机迁移路线图。

在实践过程中，我们发现客户主要采用 3 种大型机迁移方法——工作负载重新托管、批量迁移与完全重新设计。每一种方法都有着自己的优势与短板，客户则根据自身风险承受能力、商业案例以及整体云战略做出选择。以下是对这些迁移方法的简要分析：

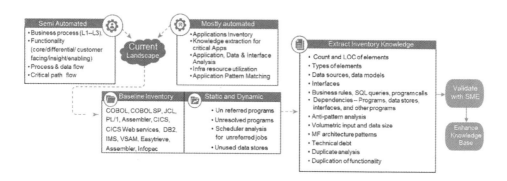

重新托管

重新托管解决方案利用大型机模拟器（包括 Micro Focus Enterprise Server、TMaxSoft OpenFrame 以及 Oracle Tuxedo ART）在基于 x86-64 架构的 Amazon EC2 实例上运行大型机应用程序。从最终用户的角度来看，这种迁移拥有无缝化特性，且不需要对 3270 Screens Web Cobol、JCL 以及 DB2 等标准大型机技术做出更改。这种方法中通常涉及一定的平台更新元素，例如将版本陈旧或者难以维护的数据库迁移至更新的 RDMBS 引擎或者托管在 Amazon RDS 之上。

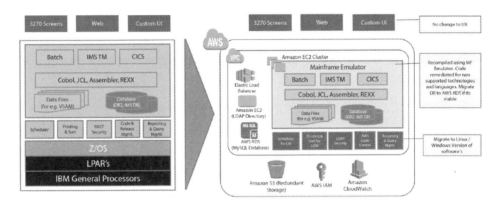

批量作业迁移

　　批量作业在大型机应用程序组合中占据着相当可观的比例。虽然其中一部分属于关键性业务，但大多数批量作业的商业价值很低且消耗大量 MIPS。无论基于文件还是属于近实时进程，将这些高强度工作负载迁移至 AWS 云都能帮助客户从现有数据中获取大量洞见，同时降低现有大型机的 MIPS 消耗水平。

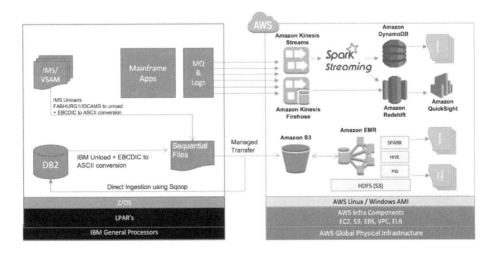

重新设计

当现有大型机应用程序无法继续满足未来业务需求或者敏捷架构目标时，建议您采用重新设计方法。这种方法能够构建起具备相似性能，但功能相同或者有所增强的新型应用程序。一般来说，需要利用云原生技术进行重新设计，同时充分利用微服务（Amazon API Gateway、AWS Lambda）、容器与解耦（Amazon EC2 Container Service、Docker 容器、Amazon Simple Queueing Service）以及数据分析、人工智能与机器学习（Amazon EMR、Infosys Mana for AI 或者 Amazon Machine Learning）等技术成果。

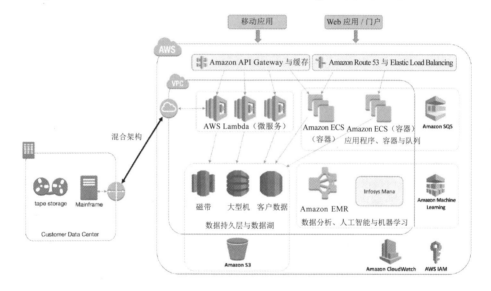

无论具体采用哪种方法，企业都应该在云迁移策略中充分考虑大型机工作负载的存在与迁移可能性。这不仅能够显著节约成本，同时亦可提高敏捷性并带来面向未来需求的可靠架构。关于大型机迁移以及 AWS 与 Infosys 相关服务的更多细节信息，请参阅我的同事 Sanjeet Sahay、Tom Laszewski 以及我本人与 Infosys 合作撰写的《大型机 AWS 迁移白皮书》①。

---

①　http：//www.experienceinfosys.com/Mainframe-Modernization-Aug16-13.

第10章

不断重塑与青春之云

最初发布于 2017 年 1 月 25 日: https: //amzn.to/constant-reinvention

> "唯一不变的唯有变化。"
>
> ——Heraclitus

　　在交流中，很多企业高管都会告诉我，相较于技术，他们的云之旅更多关注业务与文化转型。为此，我在本书中整理出一种"采用阶段"的心智模型。在众多大型组织的业务重塑与云迁移过程中，能够观察到这种心智模型普遍存在。在我看来，这种模型本身就代表着一种迭代与转型过程，而我们的目标就是为那些有意改造自身组织的高管提供一种可行方法。

　　在首次提到这一心智模型时，我将第四阶段、也就是最终阶段称为"优化"。当时，我希望以这种方式解释在 IT 组合由内部环境部署至云端时，每款应用程序的优化难度也将随之降低。虽然这一结论并无问题——我将在后文中对此做出详尽阐述——但现在看来，"优化"一词似乎低估了组织在这个阶段所面对的改进可能性。

　　大多数大型云迁移举措都有商业案例作为支撑，对最终状态提出明确要求进行严格量化。在任职于新闻集团时，我们的商业案例就是在 3 年中将 75% 的基础设施迁移至云环境中，从而每年获得 1 亿美元的成本节约效果。这类目标目前正变得愈发普遍，已经有数十位高管表示希望在接下来的 3 年中将 75% ～ 90% 的 IT 组合迁移至云端。

不过建立这样的商业案例目标认知仅仅是开始。踏上这段旅程的组织亦有机会借此不断重塑自身人员、流程、技术以及也许是最最重要的因素——文化。我有时候会将这种转型旅程视为一种永无止境的追求，为企业带来永恒的青春与朝气。这意味着无论您的企业拥有怎样的发展历史，都能够继续以积极的态度适应不断变化的市场竞争（例如，自 1955 年建立以来，每年都有 20 ～ 50 家企业从全球财富五百强名单中落榜。在这背后，技术的发展往往发挥着关键性作用，而云计算正是最新一轮颠覆性演变的核心动力）。

因此，为了更准确地阐述在企业云优先策略投资中表现出的规律，我决定暂时把第四阶段变更为"重塑"。

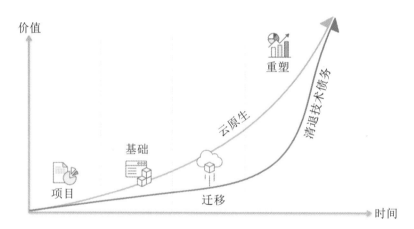

在结束本章之前，再次向各位已经领导所在组织完成各采用阶段的读者朋友发起号召。还有很多企业高管渴望获得转型过程中的指引，希望大家能够不吝分享自己的心得与体会，与本书第三部分的贡献者们一样推动整个世界共同迎接云时代。

第二部分

七项最佳实践

在规模庞大的组织中，真正有意义的技术变革实际上大多并不只是事关技术。其中最重要的是人，是领导方式，是创造一种文化以鼓励实验与理性冒险——而非在真心希望推动组织向前发展的现有员工中制造恐惧情绪。

在这一部分中，我们概括出的七项最佳实践实际是一份并不完整、非排他性、具有主观色彩的清单。我希望其中的内容能够帮助大家更合理地考量应在何时引导所在组织进行任何类型的变革。尽管技术确实是这些最佳实践中不可或缺的重要组成部分，但其最终成果仍然高度依赖于组织领导层的指引、激励、启发、重组以及影响能力。

这些最佳实践包括：

1. 获取高管支持——只有在获得高管团队认可与支持的前提下，项目才更有可能取得成功。对企业来说，大规模变革往往以自上而下的方式推进。这项最佳实践将详细说明领导者在加快组织转型过程中做出的一系列积极努力。

2. 教育员工——人们有时会对自己不了解的事物感到畏惧。根据个人经验，我发现找到不畏未知的引路人（在这方面，大量事实证明态度与能力同样重要）并为每位员工提供培训与支持，是帮助他们克服恐惧情绪的有效方法。

3. 创造实验文化——这种对几乎无穷无尽的 IT 资源进行按需分配的能力将彻底改变组织中的游戏规则，并有望建立起充分利用这类资源的文化。由于能够随时放弃失败项目并关闭相关资源，因此您在云环境下的试错成本将变得很低。

4. 选择正确的合作伙伴——由系统集成商、数字咨询公司、托管服务供应商以及云相关工具组成的生态系统多年以来一直在高速发展。您过去的合作伙伴可能不再是您未来的合作伙伴。

5. 建立云卓越中心——大多数在进行有益云探索的组织都设有专项团队，其中的成员致力于深入研究云计算技术在分布式组织中的实际应用，并尝试引入各类最佳实践与治理方针。这将使您能够快速行动，同时保持适当的中央控制能力。

6. 实施混合架构——云计算并非那种全有或全无的价值主张。任何拥有内部 IT 基础设施的企业，都可以选择一定的时间周期并将混合架构作为转型之旅的重要过渡方法。

7. 实施云优先战略——一旦组织在大规模云实施方面积累起一定经验，接下来即可将其作为战略以指导组织加速整体的全面转型。

这七项最佳实践各自都能够延伸出新的完整议题。这些结论源自我和行业内的众多同事对迄今为止云转型最成功的各类组织的经验总结。在这里，我也希望听到各位读者朋友对当前各类组织实现现代化与利用云技术保持全球市场竞争优势的看法。我们期待您的反馈与贡献！

最佳实践一：
获取高管支持

第11章
如今的IT主管已经成为首席变革管理官

最初发布于 2015 年 9 月 30 日：http：//amzn.to/CIO-chief-change-management-officer

"成功源自奉献精神。您可能需要去不想去的地方、做不想做的事，但您必须具备通往成功彼岸的远见卓识。"

——Usher

随着越来越多的企业将云计算视为一种选项，如今的 IT 高管开始有机会扮演一类全新角色——即在整个组织之内推动技术发展并提升商业价值。

至少，如今的 IT 高管需要持续为高管团队提供支持，从而帮助其完成这段云转型之旅。高管支持是我在企业云转型之旅七项最佳实践中提出的第一项，其余六项分别是教育员工、创造实验文化、选择正确的合作伙伴、创建云卓越中心、实施混合架构、实施云优先战略。

根据观察，我发现 IT 高管在云转型之旅中主要关注三大领域。本章将对这三大领域进行概括，并在随后的章节中对它们进行详尽介绍。

需要强调的是，云转型之旅实际上是一个迭代过程，而且整个过程相当耗时。这不仅是在改变组织内的技术手段，同时也是在转变 IT 部门交付技术成果以及增加商业价值的方式。技术转型与利用云模式建立起的新型业务将为您带来对工作职能、财务状况、产品开发方法以及组织内更多实际情况的透彻理解能力。云转型代表着一种千载难逢的重要机遇，您将有望作为 IT 高管在转型过程中为企业带来众多改善——无论您的动力是提升竞争力还是缓解财务压力或是此两者兼具。通过这种方式，您将能够确定哪些方法适合、哪些方法不适合，并最终根据实际情况建立起最适合业务实际的运行环境。

我认为，如今的 IT 高管需要扮演首席变革管理官（CCMO）的角色。技术不再仅仅是业务支持方法，而是真正的价值来源。如今的 IT 高管处在独特的位置，能够深刻理解这一点，并推动相关变化以顺应竞争程度日益高涨和日渐复杂的技术环境。无论从事哪个行业，CCMO 都需要立足整个高管团队与全体员工进行变革指引，同时果断管理各项具体执行工作。

以下是我认为对 CCMO 的成功至关重要的三项基本责任：

整合业务与技术。 采用云不仅仅代表着技术转变，同时也将带来一种新的运营方式。这是每一位高管团队成员都应关心的变化。身为 IT 高管，大家应当理解高管团队的处境，并思考转型旅程中可能对各项职能带来的变化或影响。可以肯定，转型过程中必然出现明确的积极成果（财务、敏捷性、全球业务扩展等）以及相关挑战（招聘、培训、对未知的恐惧等）。为了立足不断变化的 IT 环境帮助每一位高管完成其自身职责，首先需要理解这些目标和挑战，然后向其解释在迁移旅程中如何简化过程达到目标，降低对各类挑战的恐惧。

提供清晰的目标。 正如将技术与业务相结合对利益相关者非常重要，我们同样有必要将团队角色与相关业务收益加以关联，从而帮助他们了解如何适应新的环境、特别是其自身职能角色的变化。在我的高管生涯早期，我曾经天真地认为只要发布一项指令，每个人就都会积极行动起来。但最后我发现，只有自己首先确定真正的核心目标，而后一遍又一遍地强调沟通，员工们才能逐步开始行动。事实上，云计算将为您的员工创造大量新的机会，而且只要拥有学习意愿，他们完全能够通过各种新的方式为业务提升做出贡献。

打破（并制定）新规则。 大多数传统 IT 运营模式实际上并不允许我们充分利用云资源提供的各种优势。利用新的技术和快速的执行，像优步、爱彼迎和 Dropbox 这样的诸多强劲对手会突然降临。大家必须考虑运用一切可以利用的新规则缩小与其之间的差距。这项工作，相比此前两项工作，更需要由企业 IT 高管来推动。组织内的各个层级都有必要避免未经审视就盲目地打破规则。

第12章

如今的CIO需要将业务与技术相结合

最初发布于 2015 年 10 月 14 日: http: //amzn.to/CIO-merge-business-and-technology

"心有终局而始。"

——Stephen R. Covey

在上一章中，我提到如今的技术高管需要扮演首席变革管理官（CCMO）的角色，从而在企业的云转型之旅中发挥核心作用。本章将探讨与相关的三大责任中的第一项：将业务与技术相结合（跨部门管理）。另外两项责任，即明确目标（向下管理）与制定（打破）新规则（执行管理），将在后续章节中具体说明。

如今，要成为合格的技术高管，比以往任何时候都更需要协助企业领导者了解如何将技术用于匹配和助力其业务。帮助组织整体建立起这种认知，既能够引导其他高管人员准确把握业务目标，也能突显您作为高管团队核心成员的重要地位。

目前的商业环境正面临着全方位的颠覆，因为如今的高管与创业者们不仅深谙将技术与业务相结合之道，同时也在持续定义技术在整个行业中的作用：爱彼迎之于酒店业、优步之于汽车服务、Nest 实验室之于家居自动化乃至 Dropbox 之于存储服务都是如此。虽然这给传统企业带来了与时俱进的压力，但同时也给各位 IT 高管提供了新的机遇。在说明如何充分利用现有技术成果满足不断变化的市场需求方面，没人比长期从事技术工作的 IT 高管更有发言权。对于我们这些将整个职业生涯投入到大型企业中的从业者而言更是如此。我们了解大型企业的表达风格，了解其中存在哪些制约性条件，明白哪些条件能够改变而哪些只能适应，以及需要以怎样的方式引导每一位高管人员。总而言之，如今的技术高管已经无法单纯通过幕后工作来帮助公司取得成功。

此外，由于云计算的普及消除了传统 IT 许多不带来差异化的繁重工作，如今的 IT 高管将能够投入更多时间与资源以驱动业务加强竞争力。云计算正是这股新的颠覆性力量的核心要素。虽然使用这些技术手段并不一定能够让您的业务快速成长，但其仍然会为你参与竞争提供更多的机会。

下面我们一同探讨在云转型之旅中值得关注的几种组织领导思路。

理解同事

云计算所代表的不仅仅是技术转变，同时也是商业转变。每一位高管人员都应对此保持高度关注。身为 IT 高管必须理解高管团队的处境，并思考转型旅程中可能给各项职能带来的变化或影响。

就本章的内容来讲，值得讨论的高管职位很多，这里我们关注其中最重要的几类：

CFO 们通常会被前期成本削减与按实际使用量支付等因素所吸引。虽然月度成本往往存在较大波动，但我发现云计算几乎必然能够降低总体拥有成本——特别是在摆脱原有容量规划及维护工作等负担之后。你每月要定期与财务控制人员合作，逐步增强对当前环境的预期支出、治理资源利用量、保留实例（reserved instance）使用方式以及产品开发（资产创造）中人力成本的管控。

CMO 通常希望能让公司的品牌始终新鲜且具有吸引力，从而应对不断变化的市场条件。那么，将原本每月一次的品牌网站更新周期缩短至每天数次会带来怎样的影响？具备可无限扩展的数据仓库是否能够更好地帮助 CMO

了解企业面对的客户群体？如果成本极低甚至无需成本，CMO 是否能够针对一小部分用户开展实验？

人力资源副总裁们希望 IT 高管能够引导如何雇用具有新技能的员工并照顾好他们。利用 AWS 培训与认证项目，大家可以随意构建起有针对性的专业知识培训体系，并将其作为内部培训的组成部分。我将在第二项最佳实践中对员工教育议题做出讨论——这里来点小剧透，团队中每一位乐于学习新知识的成员都能够帮助您更好地转型过渡。此外，与其他在经历转型的企业间的联系亦能帮助您了解对方如何雇用新员工，并帮助现有员工完成过渡——例如，如何确保 DevOps 理念与组织相契合，又该如何真正推行"谁构建、谁运行"？

CEO 们关注以上各点，且着重于如何帮助企业保持竞争力。利用从其他高管身上学习到的经验，您可以帮助 CEO 塑造完整的发展愿景，并展示如何利用现代化技术实现一系列在特定约束条件下原本无法实现的运营目标。

在道琼斯，我设定了一项目标，即每月组织与数位高管人员的聚餐。在聚餐中，我不发一言而专注听取他们的意见（主要是抱怨）。我用在此期间学到的经验调整我们的策略，并向这些高管阐明他们如何影响到接下来的发展方向。这是一种简单（如果您喜欢与人交流及享受美食，那么这也是一种令人愉快）的方式，您可以借此了解他们的需求、获得他们的信任并得到他们的支持。其中的关键不仅仅在于倾听，更在于根据您倾听到的内容采取实际行动。

招募帮手

云迁移不是您能够独力完成的任务。在这段旅程中，您应当将客户经理视为重要的帮手。他们乐于同您及您的管理团队合作，引导他们建立云迁移认知与对相关收益的理解，从而切实与业务需求保持一致。如果您需要的建议超出了客户经理的专业知识范围，他们也会为您找到合适的接手人选——可能来自 AWS，也可能来自 AWS 的合作伙伴。我们愿意为您创造与志同道合的同行们建立联系的机会——除了常规活动之外，您将在整个迁移过程中随时享受到这种便利。在道琼斯工作时，我曾经多次与其他企业开展交流，并从其他高管身上学习到了既有教育意义又富实效的宝贵经验。

AWS 合作伙伴网络（APN）以及 AWS 培训与认证团队也帮助您加快云迁移的重要资源。我会在对应的最佳实践章节中对此进行详尽说明，但总结来讲，我观察到很多企业都在通过人力资源部门建立起以 AWS 项目为基础的制度化培训体系。在道琼斯，我们的 DevOps 团队与人力资源部门合作定期举行"DevOps 日"活动，旨在推广我们发现的解决方案与最佳实践。"DevOps 日" 这类活动特别适合大型跨越多个地理位置的分布式团队。同样，您的客户经理也将帮助您立足这些领域建立良好的行业人脉。

IT 品牌演进

我曾与很多渴望改善部门形象的 IT 高管进行交流。在职业生涯的前十几年中，我一直在努力开发能够切实改善彭博业务的软件产品。而后来之所以决定加入道琼斯，正是希望帮助他们改变思维模式，确保其将对 IT 部门的印象由成本中心转化为足以推动甚至启发业务能力的机构。回想当年，我觉得我要感谢每位努力工作并专注于奉献的部门成员，正是他们的参与才让我们推动的转变真正成为现实。

AWS 正是实现这一转变的重要基础。高层工作的重点在于倾注心力了解每一位高管的痛点所在，弄清他们希望从 IT 部门获得怎样的能力，调整技术方法并最终帮助他们实现目标。经过几个月的云资源使用，实际成效有所提升、交付速度也显著增加。接下来，我们又花了几个月时间对高管及其团队进行再培训，引导他们将我们称为技术部门——而非 IT 部门。虽然看起来区别不大，但这种称谓的变化却让我们的对话基调与生产效率发生了本质转变。这标志着我们被认可为能够为企业整体做出贡献的组织。

第13章

优秀的领导者该如何步入伟大？

最初发布于 2015 年 10 月 22 日：http://amzn.to/what-makes-good-leaders-great

"不够明确会引发混乱与挫败感。而这些情绪对于任何生活目标都有毒性。"

——Steve Maraboli

领导者有不同的领导方式。有些走威严路线，有些走示范路线，有些走魅力路线，有些则经由他人之手施以管理。虽然每位领导者的风格有所不同，但从经验角度来看，有一点是共通的：人们只会跟随那些他们能够理解的领导者。

人们只相信自己能够理解的事物。谈到变革管理，人们如果无法理解前进方向时，他们往往就会回归自己原本熟知的状态——或者说现状。要解决这个难题，领导者必须为其提供清晰明确的方向指引。这种提供清晰目标的能力，最终决定一位领导者是优秀，抑或是伟大。

今天的技术高管应该将自身视为首席变革管理官（CCMO），负责领导所在组织的云转型之旅。除了处理业务与技术之间的结合工作，CCMO 还负责提供清晰明确的发展目标。这意味着您必须有能力阐明自己的战略、讲解团队应如何适应该项战略、哪些层面存在（或不存在）灵活空间，同时坚定不移并保持耐心。

组织往往出于不同的理由迁移至云端——有些是为了节约成本，有些是为了全球化扩张，有些是为了改善安全状况，有些则希望提高敏捷性。根据我的经验，我发现很多企业一旦意识到云有助于将资源有效集中到业务关键之所在，他们会很快将云作为一套覆盖组织整体的平台。而这类举措，对于客户以及利益相关者有着巨大的直接影响。而且除非您身为基础设施供应商，否则此类活动完全不涉及对基础设施的管理。

无论短期或长期动机是什么，我都鼓励大家将这些动机整理成明确且可量化的具体指标。您应清楚地向团队及相关者阐明动机与目标，确保每位参与者都负责在追逐目标的过程中起到推动作用。

在刚刚担任领导岗位时，我曾天真地认为，我可以凭借着管理者地位将自己的命令贯彻到每一位团队成员中去。事实无情地打了我的脸，这种领导方式根本起不到效果。直到我开始明确阐述发展战略的重要意义，团队行为才开始发生转变。在向团队提出新的想法或者目标之前，我必须首先考虑每位成员会如何适应这一战略，以及战略本身将如何把业务与每位成员的日常工作和事业发展联系起来，然后我需要抓住一切机会重复和强化自己的观点。

这意味着我们需要在季会、内部博客以及迭代策划活动中，把握一切机会将业务内容与发展策略本身相结合。虽然有时候会感觉有些重复，但随着团队规模的扩大，各个团队听到我们声音的机会会越来越少。因此，保持坚定和一致的立场，并持续交流将成为决定策略成败的关键性因素。

对未知的恐惧在一切变革管理计划中都是最常见的阻力之一。我将在接下来的几章中着力探讨在云转型之旅中进行员工教育的最佳实践。在这方面需要强调一点，伟大的领导者在化解此类阻力时，应当确保团队中的每位成员都明确了解将要发生什么、他们自身的职能角色又会迎来怎样的变化。

只有让每个人都清楚他们面临变革时所拥有的选择，才能真正帮助成员了解他们参与这场转型的路径，同时为他们赋予平和的心态。在道琼斯公司担任 CIO 时，我对部门中的全体成员进行了培训，并允许他们选择新的职能角色。我们明确表示，希望每个人都能成为这段旅程中的组成部分，而他们也将有机会接触更多新鲜事物。我们告知每个人我们珍惜发挥他们知识的价值，而在大多数情况下，这种价值在不同领域或学科中也许会有更大的体现。

这些组织积累的知识很难取代，我们应该尽一切努力保留住它们。

在几乎一切涉及变革的策略中，都存在着一些必须坚守的元素——而另一些元素只是建议性的。在这种情况下，领导者需要帮助团队明确这些元素的属性，确保每位成员都有机会在适当的界限内推动工作进展，并让组织保持继续学习的意愿。

在道琼斯公司，我们在每个旅程的起点就明确了自动化作为刚性要求。一旦熟练掌握了云运营知识，我们就能够制定出具有财务吸引力的商业案例，进而将数十座数据中心迁移至 AWS 中。这时候"修补加迁移"的战略更符合目标定位。这当然要求我们首先确立清晰的目标，而一旦我们释放了自动化这个束缚并引入一系列迁移技术，整个进程即呈现出势如破竹的状态。

每一家企业都会在云转型之旅中遭遇一些障碍。我希望大家知道，一切都会好起来，而业界已经总结出大量宝贵经验，用以指导每家公司如何在过程中走好每一步。在 AWS，我们致力于根据观察到的客户工作内容制定出强大的指导性规则，但相信大家也能够理解，这些成果不可能完全"开箱即用"。因此，大家应当将遇到的问题视为学习的机会，而非因此惩罚相关团队（当然，我们也无法接受同一错误重复出现）。这种积极的方式有助于快速消除怀疑主义心态。另外，别让那些安于现状的人影响到您对美好未来的追寻。我知道，这一切不像说起来那么简单，但耐心与毅力终将带来回报。

请记住，熟能生巧才是亘古不变的真理。

第14章

伟大的领导者制定新规则

最初发布于 2015 年 11 月 2 日：http：//amzn.to/great-leaders-make-new-rules

"无论面对怎样的规则，我都拥有自由。接受能够接受的，打破不可忍受的。我的自由，源自我明白我要对自己所做的一切负责。"

——Robert A. Heinlein

优秀的领导者执行规则，伟大的领导者则了解旧有规则何时不再适用，并能够顺势制定新的规则。正如 Heinlein 在之前的引言中所指出，这有时意味着打破旧有规则。但无论如何做，伟大的领导者会首先充分理解现有规则，然后决定是否、何时以及如何改变它们，以影响组织行为的转变。

对于领导者而言，引领组织推进云转型之旅正是制定新规则的最佳时机。我甚至认为，在此期间转变为首席变革管理官（CCMO）的技术高管有义务检查现有流程，并判断哪些规则仍然适用于云时代下的企业运营需求。

新目标下的新规则

相信大多数朋友对于基于流程的各类框架不会感到陌生，如 ITIL、ITSM 以及规划—构建—运行等。这些框架在过去几十年中逐步发展壮大，旨在以标准化方式实现 IT 方案在大型组织内的交付与运营。这些框架也确实能够通过明确的角色、职责以及流程定义帮助企业显著改善效率、效果、质量以及成本。

这些方法在用于管理类似的活动方面——例如基础设施运营——确实拥有良好的表现。但时至今日，企业开始越来越多地关注如何提升客户满意度，并让自身业务变得更加与众不同：Talen Energy 公司希望利用多个发电厂进行发电；耐克希望为世界上的每一位运动员带来灵感与创新；通用电气希望构建、推动、支持并保护整个世界。以往，基础设施管理成为实现这类目标的桌面筹码；但现在，云计算的普及使现在的 CCMO 得以放手一搏，既从原来基于流程的框架中保留真正拥有价值与意义的部分，又精准高效地制定了现代化程度更高且数字化特征愈发明显的全新运营规则。

着眼组织整体机遇

无论目前正处于转型旅程（或者变革管理计划）中的哪个阶段，我都建议您首先明确一点：您的角色、职责与流程在未来的云优先时代中将以怎样的形式存在。要回答这个问题，当然需要进行一番探索，并且不同的组织往往会给出不同的答案。在改变规则方面，企业高管们最关心的几个方向分别为运营、IT 审计以及财务管理。

这里需要强调的是，我列出的这些内容并不全面——受篇幅所限，我不可能立足每一个角度与细微差别展开探讨。当然，我也欢迎各位读者朋友提出您认为重要的影响因素。

运营。我曾经为正在考虑转向 DevOps 的企业整理出多条建议。这些建议主要涉及对以下规则的变更：

专注于建立起以客户服务为中心的 IT 部门，努力理解客户（无论来自内部还是外部）的实际需求，同时对如何提供解决方案、提供什么样的解决方案始终保持开放的心态。

与此同时，您还应坚守"谁构建、谁运行"原则。根据我的经验，这项实践往往是企业转型过程中最大的难点所在——这实际上也是新体系与传统基于 IT 流程的框架之间最大的差异所在。事实上，"谁构建、谁运行"原则以及由此衍生出的规则拥有很多重要的现实意义，而且我所遇到的每一家企业都通过此类转变获得了巨大的收益。

最后，在实施上述运营变革时，您还能够更科学地制定自己的预期。请务必保持耐心——对存在数十年的规则做出调整绝非一夜就可完成。

审计流程。 审计师在任何企业的转型之旅中都扮演着重要角色。目前，很多高管人士仍然将"审计职能"这一表达与消极乃至头痛联系在一起。他们认为审计工作会拖慢业务进展，但事实上这种看待问题的方式既消极又缺乏演进性。特别是在着手建立新规则时，审计人员是我们的朋友而非敌人。大家应利用审计力量推广自己正在制定的规则，并快速获取反馈意见。越早、越频繁地与您的审计人员开展合作，同时明确解释您希望完成的目标，就能尽早得到他们的意见，进而改善您的思路与结果。

在道琼斯任职期间，我一直忧心于如何向审计人员解释自己的 DevOps 实施计划以及"谁构建、谁运行"原则。但这种焦虑感促使我们做好了充分准备，也让审计团队得以理解我们承受的压力。在我们展示了以自动化为核心的新规则如何给控制能力带来显著提升之后，审计人员们开始认同并支持我们制定的未来规划。解释称，我们将不再对彼此隔离的职能孤岛施以强行控制，转而引导其通过申请进行相互流通，从而减少人为错误的发生概率——这些理念让我们逐渐获得了审计人员的支持与信任。

在面对安全与法务团队时，大家不妨采取同样的策略。尽早邀请他们及相关合作伙伴参与进来，这将确保满足各方需求。大家还应理解利益相关高管们的立场，并探索如何利用新规则满足他们的愿望。

财务管理。 在绝大多数情况下，由大规模前期资本支出模式（主要源自对容量需求的不确定性与由此引发的过度配置问题）转移至即用即付（按实际使用量付费）模式都能带来更合理的现金流状态。不过话虽如此，可变费用的管理工作仍有可能与传统的财务管理习惯不同。一般来讲，大家最好与财务部门密切合作以共同制定新规则，从而在充分利用云资源优势的同时合理安排预算额度。

在道琼斯公司的转型过程中，基础设施投资迎来持续下降，云支出则相应缓慢增长。我们独立解决了很多问题，但最终不断增加的成本引起了财务团队的关注，他们开始以合作伙伴的身份加入进来，帮助我们优化预算分配。

随着更多地将资源集中在产品开发层面，我们最终建立起新的按月掌控的生产预算控制体系：以资源需求量预测为核心、采用保留实例（reserved instance），同时持续推动劳动力成本的资本化。我们逐渐意识到，对于已经基本固定的计算需求增量，逐月提前购买保留实例无疑是最理想的解决办法，而众多合作伙伴能够在财务管理方面提供可观的助力。Cloudability 正是其中之一，他们最近发表了一篇关于保留实例采购的文章对此做出了详尽的介绍，这里我向大家强烈推荐。

正如之前所提到的，这些只是云转型之旅中有关规则的一部分。我期待能够听到更多读者朋友谈谈你们创建的规则——请相信我，不用惧怕建立新的规则。

最佳实践二：
培训员工

第15章

您已经拥有能够实现云转型成功的人才

最初发布于 2015 年 11 月 18 日：http://amzn.to/you-already-have-the-people-you-need-to-succeed-with-the-cloud

"培训是改变世界最有力的武器。"

——Nelson Mandela

我有幸曾经与众多高管人士探讨不同企业所遵循的业务与 IT 战略。每一位高管与企业都面临着自己独特的挑战，而在解决这些难题的过程中，为员工赋予必要技能使他们能朝未来目标挺进无疑是最为重要的一环。这一结论同样适用于云转型工作。虽然道理似乎非常简单，但曾有多位高管表示，组织内云技能相关人才的缺乏已经成为其无法实现云转型显著成效的最大阻力。

通过对众多成功完成云转型战略的企业进行观察，我总结出七项最佳实践，培训员工是其中的第二项。第一项是高管的领导，其他几项我将在后文中详尽阐述。培训员工能够将原本持怀疑态度的员工转化为您的有力支持者，帮助我们在快速利用云优势为企业带来实际成果方面取得理想进展。

您需要的一切就在身边

人们畏惧未知，而变化让人不适。在这方面，最有力的恐惧情绪破解良方就是教育。当然，大家也可以通过吸纳新鲜血液来获取当前最为紧缺的技能，但这往往只能在一定程度上解决问题，而无法大面积推广。

大多数组织已经在老员工中建立起丰富的机构知识与文化影响。如果能够为现有员工提供学习如何将原有机构知识与文化同云技术相结合的机会，那么这笔已存在的宝贵财富就能快速发挥作用。换言之，您所需要的云转型人才其实就在身边，您只是需要推他们一把。

下面向各位高管提出几点关于向员工普及云技术知识的建议。一般来讲，这部分内容只集中在策略以及领导力层面，而不涉及任何特定于 AWS 的服务或解决方案。但结合自身经历，AWS 服务恐怕是个绕不开的话题。如果大家还能想到更贴切的例子，请不吝与我分享！

AWS 培训与认证

AWS 提供的自学与讲师指导培训课程可以帮助您的团队快速掌握云技能，并始终保持与时俱进。这里我不再赘述相关网站上的描述，但可以肯定的是，我接触过的每一家企业都在利用我们的培训项目，并借此获得了更理想的云运营能力。很多企业还表示，培训项目帮助他们减少了组织内各团队间的协作摩擦。

在任职于道琼斯公司时，我们曾利用现有的 AWS 技术基础课程对团队中的技术人员进行全面培训。随着时间推移，他们逐渐意识到这些课程的价值，并自发地申请更高层级的课程内容。

我们最终将这些课程引入了培训制度。我们的 DevOps 团队启动了"DevOps 日"活动，来自企业内其他部门的员工能够在这里了解我们立足云环境整理出的最佳实践、框架以及治理模式。

这类基层培训最终对人们的工作方式产生了重大影响，帮助我们加强了在云优先背景之下建立未来文化元素的能力。培训也成为我们消除内部阻力的最有效手段之一。举例来说，通过参与"DevOps 日"活动，大家很快就意识到我们打算利用云计算实现怎样的目标。此后我也与很多大型企业的高管进行过交流，他们纷纷表示同样采取过类似的培训方法。他们与 AWS 培训与认证团队开展合作，共同建立起适合自身特殊组织需求的大型培训项目。

如果您感到内部员工对云转型仍有抵触，那么请通过下面这份 Indeed.com 网站总结于 2015 年的人才市场变化趋势帮助他们理解现状。

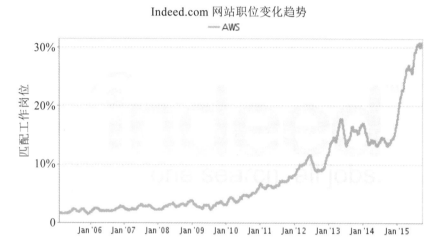

Indeed.com 网站职位变化趋势

很明显，人才市场对于云技能的需求正在迅速上升，而且这个趋势在短时间内不可能发生改变。因此我认为可以肯定地说，云培训工作非常重要；从长远角度来看，这甚至应该被视为一种重要的对公司和员工的双重福利。

利用生态系统的力量

在引导组织推进云转型之旅的道路上，我们没必要扮演"独行侠"——在员工培训方面更是如此。大家不妨与同行多多交流、参加与云相关的活动，同时密切关注其他企业的云实践。事实上，云生态系统迅猛的发展速度以及短时间内涌现的大量云中诞生的成功企业，令人耳目一新。目前网络上存在大量说明这些企业所取得成就及其如何利用所学知识实现这些目标的信息。

AWS 合作伙伴网络（APN）就是一种重要的生态系统参与方式，其中也包含大量值得借鉴的宝贵资源。无论是打算寻找能够满足特定需求的工具，抑或是希望物色能帮助您完成大规模迁移的合作伙伴，这里都有大量资源供您选择。您可以随时联系您的 AWS 客户经理，他们会帮助您找到理想的方案。在本书的"最佳实践四：选择正确的合作伙伴"部分，我们将对合作伙伴社区这一话题进行深入讨论。

最后但同样重要的是，AWS 专业服务团队已经帮助成百上千位高管人士确定了执行云策略所需的角色与技能。AWS 专业服务团队会对组织的当前准备情况做出评估，并通过长久以来的服务经验帮助其获得。必要的技能资源。在这一过程中，AWS 专业服务团队还开发出 AWS 云采用框架，各类组织皆可免费利用这套框架推动自身逐步转入云运营模式。

经验的重要性无可替代

纵观我关注过的众多用例，适当的技能与可为的心态无不成为决定云转型结果的关键。但除此之外，如果缺乏云计算成功的经验将会使云的旅途布满荆棘。

培训能够帮助每一位员工快速了解新的概念与示例，但我始终坚信，最好的培训方式仍然植根于亲身的实践。因此，最好能够为您的团队设计一项需要亲力亲为且时间要求较为紧迫的任务，要求他们在限制条件之下为业务带来有意义的贡献。举例来说，您可以要求团队构建一个网站、为某些数据创建对应的 API、托管一套企业维基，或者建立其他一些与现有工作相关联的解决方案。相信我，正确的动机加上一点时间压力总能带来意外的惊喜。压力往往是成功的先导，在目标明确、工具齐备且时间有限的情况下，创新成果通常会迎来井喷式的发展。

这些实践经验有望带来改变游戏规则的创新——至少会培训指引团队在下一个项目中带来突破性的成果。无论如何，实践尝试都将推动您的议程，并为团队带来宝贵的学习机会。

第16章

对员工开展云培训时的11点注意事项

最初发布于 2015 年 12 月 3 日：http://amzn.to/educate-staff-on-cloud

"告诉我的，我会忘掉。教给我的，我会记住。实践得来的，我会牢牢掌握。"

——Benjamin Franklin

在上一章中，我们谈到只要能够为员工提供适当的培训机会，您就能够顺利获得云转型所必需的技能资源。

那么，作为首席变革管理官，您该如何教育员工以加快这段转型之旅？每个组织的转型旅程都是独一无二的，但我们也从获得成功的组织身上总结出了一系列共性。以下 11 点注意事项，正是对这种共性的归纳。

（1）**从有意义的基础性工作开始。** 您的团队很快就能利用云技术完成一些重要的任务，同时借此了解其给业务带来的实际助益。我发现，有一些企业过度关注非关键项目而忽略了转型推进，这导致其变革进程落后于预期。当然，我们不可能在起步阶段就对与关键业务相关的设施下手，但大家必须确保起步项目具备一定的现实意义。只有这样，才能证明引入云技术给业务带来的积极影响。在这方面，大家可以考虑以下几种常见的起点——简单网站、移动应用、指向易访问数据的 API 或者一套文件备份 / 灾难恢复环境。您的团队将借实际项目快速积累经验，从而在未来的项目中利用这些经验取得更佳的成绩。

（2）**利用 AWS 培训项目。**AWS 提供多种出色的培训项目，并切实帮助成百上千家企业磨练出卓越的云技能。AWS 也在不断改进这些培训项目，同时开发出多样化的课程内容与交付机制，旨在尽可能满足组织所提出的特定培训需求。在道琼斯公司任职时，我们利用 AWS 技术基础课程对团队中的技术人员进行了全面培训。除了建立起新的技能储备之外，培训工作还消除了云转型之旅初期常见的员工恐惧情绪。

（3）**为团队提供时间去实验。**在云转型之旅中，建立实验文化是另一项重要的最佳实践，这一点对于激励员工参与学习同样非常关键。创新源自实验，而云计算的出现消除了探索新事物所提出的前期投入需求，这意味着再没什么能够阻止您的团队快速打造出足以颠覆整个行业的下一款创新型产品。因此，请给团队一点自由与时间，引导他们以新的方式实现现有功能。

（4）**设置目标以激励学习与实验。**大多数企业都会为员工设置目标 KPI，并将其与绩效紧密结合起来。大家完全可以利用这些既有机制强化转型策略，并引导员工根据您的构思采取行动。您可以建立培训课程的具体目标、分配相应预算，或者要求利用适当的云架构为运营带来某种程度的改善。通过这种方式，员工也会感受到领导层在切实鼓励他们参与实验及学习。

（5）**设定时间限制，加快实施步伐。**这项要求在推动实验文化普及方面极为重要。毕竟作为运营者，结果才是最重要的。在这方面，大家可以帮助团队成员根据现有约束条件设置较为合理的项目截止日期。虽然团队有时受条件所限无法达成目标，但随着经验的积累与技能的提升，最终能够找到折中方案解决问题的办法。总而言之，只要您的团队一直在学习并改进技能水平，并期待在下一个项目中一试身手，我们的目的就达成了。

（6）**看出并应对变革阻力。**这里提到的各项注意事项，其核心目标都是通过提供实现成功所必需的工具以消除员工对变革的抵触情绪。但即使拥有这些助力，组织内可能仍有一些成员抱持消极的心态。要努力了解你队友的顾虑，对待工作保持开放的心态，快速接触避免不必要的摩擦。这就引出了下一点……

（7）**为员工布置新的职能角色。**以合理方式推进云迁移不仅代表着一种技术转变，更代表着一种文化转变。我发现，为人们提供新的职能角色能够帮助他们快速克服对变革的抵触情绪。我个人倾向于优先关注内部资源，因为机构知识成本高昂且其流失会造成不必要的浪费。在彭博工作的 11 年中，我先后担任过 6 种不同职务，这样充足的发展机遇也是促使我长久效力的关键原因之一。因此，为员工提供更多新的参与机会，能够鼓励员工贡献并留住他们。

（8）**引导员工建立大局观**。当明确该如何与企业的整体发展思路保持一致后，员工对于自己的工作岗位将更加认同。因此，请确保您充分理解每一个职能角色，并向团队准确传达其重要意义与存在原因。同样，我希望各位读者朋友能够分享您的组织如何将整体目标与部门或个人目标保持一致，以及如何确立不同角色的具体定义。

（9）**参加行业活动并关注其他企业的动向**。大多数人都能够从他人的成功与失败中汲取经验教训。在过去 5 年多，我一直在为各类大型企业制定云技术发展策略，但每一次参加 AWS re：Invent、AWS 峰会以及其他技术会议的经历仍能让我受益匪浅。因此，请大家也为自己的员工提供这类扩展人脉以及接触新思维的机会。即使一些您不会采用的主张也值得您去研习，它们会帮您学习开悟并强化您的策略。

（10）**向合作伙伴学习**。AWS 合作伙伴网络中拥有数万家机构，其中相当一部分可能已经与您保持着合作关系。但我仍然建议大家在这里探索更多宝贵资源。事实上，许多大型企业都在转向 Cloudreach、2nd Watch 以及 Minjar 等小型、年轻且具备"云原生"气质的系统集成商，以加快自身云发展战略与 IT 文化变革的步伐。

（11）**在组织内制度化独特的培训体系**。随着云转型之旅的持续推进，组织内部的某些团队与个人可能希望与其他同事分享自己总结出的宝贵经验。在理想情况下，这些经验来自云卓越中心，我将在后文中将其作为云路途另一项最佳实践详加阐述。在道琼斯公司任职时，我们的 DevOps 团队会定期组织"DevOps 日"活动，旨在交流分享与组织中的其他部门共同开发的云最佳实践、框架与治理模式。在为多家世界财富五百强企业的服务过程中，我也先后为他们建立起适合其实际需求的类似计划安排。

第17章

实现业务现代化转型的必备利器：立足云端培训您的团队

最初发布于 2017 年 5 月 8 日：http：//amzn.to/cloud-secret-weapon-training

"现代教育家的任务不是砍伐丛林，而是要灌溉沙漠。"

——C.S. Lewis

我有幸在工作中与数百位企业高管接触过，了解他们如何引领世界上规模最大的众多公司，利用现代技术与云改造自身业务。转型变革绝不轻松，就像许多真正值得做的事情一样。可以肯定的是，变革面临的最大阻力通常来自组织内部。人们天然畏惧自己不了解的事物。我发现（作为曾经的道琼斯公司 CIO 以及 AWS 企业战略负责人），让团队成员克服这种恐惧情绪的最佳方式就是培训。

正因为如此，我认为 Maureen Lonergan（我个人的好友，同时也 AWS 公司培训与认证项目 ① 的负责人）负责着世界上最重要的工作之一。Maureen 和她的团队致力于立足云端为更多受众提供培训与教育资源。

因此，在这里我很高兴能够引出由 Maureen 撰写的章节，她将在这里介绍如何对团队进行培训。

---

① https：//aws.amazon.com/training/.

目前，各类大小企业都在考虑向云技术过渡，并在思考要如何引导团队充分利用这项技术开展业务。作为 AWS 公司培训与认证项目的负责人，我认为让云投资获得最有效的汇报的方式就是在企业内部培养云技能。这不仅能够帮助您充分发挥现有员工的技能储备、更快达成业务目标，同时也会令您在推动组织整体进行云过渡时更具信心。

本章将探讨培训为何在云迁移之旅中如此重要且极具价值，以及 AWS 将如何帮助您过渡至云，同时将您的员工培养为真正的云技术专家。

您需要的人才就在身边

在第 15 章中，Stephen 提到为现有员工提供云技术教育的重要意义。他指出，"您所需要的云转型人才其实就在身边，您只是需要推他们一把。"

培训能够帮助您的员工利用其已经掌握的基础 IT 技能与机构知识，从而顺利完成向云职能角色过渡。对现有员工进行培训能够节约大量时间与金钱，因为您不必雇用新员工来填补这些与云相关的职位空缺。

从本质上讲，无论您选择怎样的云平台，越早对现有人才及所需人才进行评估，然后通过培训计划推动员工成长，云转型工作就能推进得更加轻松悠然。

培训帮助您更快达成业务目标

培训项目将引导员工更好地利用云资源，从而更高效地帮助企业达成业务目标。云培训也将给员工带来实现快速创新的必要技能。

对于正在进行复杂迁移的组织而言，培训工作显得尤为重要。在这方面，培训能够通过以下几种关键性方式推动转型速度：

● 培训将帮助员工理解如何使用云。例如，他们可以学习如何利用 AWS 高效管理、运营以及部署应用程序。
● 帮助员工破除由未知引发的恐惧与抵触情绪，从而建立内部云认同。
● 培训将为员工带来共同语言，帮助他们更高效地开展协同工作。

● 无论采用 AWS 还是其他平台，经过培训的员工都能够快速发现其需要的服务与解决方案，从而加快为客户提供强大产品及服务。

利用认证验证知识掌握情况

鼓励员工获取认证，从而确保每个人皆对团队的整体技能充满信心。由 AWS 认证技术人员构成的核心团队有助于引领组织整体执行各类变革与实施最佳实践。认证还可帮助大家发现那些值得培养及晋升的内部优秀人才。

如果大家需要在组织之内积累更多云经验，请首先着眼于拥有认证资质的候选人——他们往往能够切实填补各类云技能空缺。

AWS 培训与认证流程

AWS 培训与认证项目有助于建立云技能，降低 AWS 云迁移难度，最终帮助您更快地获取投资回报。

AWS 提供以下几种培训选项：

意识日活动。在培训之前或期间，可以要求 AWS 派遣人员前往的公司并组织意识日活动。如果在组织内发现难以推广云计算相关认知，或者需要为广大员工清晰明确地讲解云计算的优势，意识日活动绝对是大家的最佳选项。意识日活动涵盖 AWS 各项常规元素的优势、探讨如何转型为敏捷型组织，以及云计算能够通过哪些方式帮助您实现创新等。您可以联系 AWS 培训团队以安排意识日活动。①

基于角色的培训。AWS 提供基于角色的学习路径，专门面向架构②、开发③和运营④等职能角色。每条路径皆涉及培训、动手实验室以及认证等步骤，且与 AWS 实践操作保持高度关联。在每段学习的结尾都设有"副理"与"专

---

① https：//aws.amazon.com/contact-us/aws-training/.

② https：//aws.amazon.com/training/path-architecting/.

③ https：//aws.amazon.com/training/path-developing/.

④ https：//aws.amazon.com/training/path-operations/.

业"两类认证考试，员工可以借此验证自己对新技能的掌握情况。

定制培训。您也可以与 AWS 协作以建立定制培训策略，其中包括分步指南与相关时间表，并列出哪些员工应该接受怎样的培训内容。通过这种方式，员工将拥有明确的发展路线图可供遵循。以下为面向组织的分阶段培训流程示例：

阶段一，面向广泛受众的云意识与基础培训。

阶段二，面向技术类员工与关键业务线人员的基于角色基础培训。

阶段三，面向具备相关经验的指定技术人员的"副理"级（Associate）认证。

阶段四，面向特定技术人员的职业高级与特殊培训。

阶段五，面向具备相关经验的特定技术人员的专业级（Professional）认证。

在线培训。在员工掌握云计算基础知识后，他们就可以通过低成本甚至免费的方式利用 AWS 资源进行实践探索。此外，他们还可以浏览与数据及安全相关的各类核心课题相关的免费在线课程。通过这种简单且经济高效的方式，员工将快速获得组织迫切需要的云技能。

易于获得。无论倾向于面对面教学还是在线授课、自学探索还是讲师指导，AWS 都为您的组织准备了合适的选项。培训项目已经在全球范围内推出，且通过 AWS 与 APN 合作伙伴培训网络提供多达 8 种语言版本。这意味着培训工作将能够以符合本地语言与习惯的方式向您直接交付。

不只是知识

AWS 培训与认证能够帮助您的员工做好迎接云计算的准备。更重要的是，培训工作不仅仅是为了建立知识与意识，同时也将帮助您的企业尽快实现业务目标。通过正确的培训，您将拥有具备丰富云相关知识的员工，他们将帮助您利用云资源以推动更多创新活动、更快地走向市场。AWS 与各 AWS 授权培训合作伙伴网络共同在全球范围内提供培训服务。您可以马上联系 AWS 开始制定培训策略，并启动适合自己的培训与认证计划。

第18章

12步计划助您从零开始培养数百AWS认证工程师

最初发布于 2017 年 7 月 15 日：http://amzn.to/12-steps-to-1000s-of-cloud-certifications

"不要纠结于你没有得到的事物，这会让你错过更多当下的机会。"

在本章中，AWS 公司 EMEA（欧洲与中东）企业战略师兼布道者 Johnathan Allen 将解释如何高效建立起一支充满活力的 AWS 认证工程师队伍。

作为一名 AWS 企业战略师，我有幸与来自世界各地的企业高管会面，了解他们当前面临的一系列业务与技术挑战。虽然每位客户都有着独特的难题，但我发现其中的许多挑战——例如传统影响——却是共通的。

其中一大共性之一，在于人才市场上的技能匮乏问题。此外，很多企业高管坚信他们找不到能够以快速、低成本方式将业务扩展至云端的理想人才。没错，随着越来越多企业意识到 AWS 的巨大力量，特别是在承担无差异化繁重工作以帮助承担基础设施管理方面的出色能力，目前人才市场上包含 AWS 字眼的职位招聘描述正在快速增加。但在我看来，这种需求的升温或者缺少内部人才的直观判断，并不该真正给企业云转型带来阻碍。

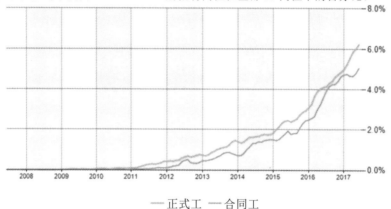

在职位描述中提及 Amazon AWS 的招聘岗位在全部 IT 岗位中的百分比。

—— 正式工 —— 合同工

AWS 公司企业战略负责人 Stephen 已经在第 15 章中对此做出令人信服的说明，"您已经拥有能够帮助您在云转型中取得成功的人才"。为了强调这一点，我想在这里与大家分享我本人面临重大技能挑战时的情况。那是在 2014 年，我刚刚踏上自己的云探索之旅。

当时我在英国担任第一资本 CTO，在对现有工程师团队进行审视时，我意识到其中存在巨大的技能空白。这些工程师确实才华横溢，但他们比较擅长内部部署类的传统技术；也正在因为如此，公司当中出现了大量彼此独立的基础设施元素。

在寻求改变的过程中，我犯下了一个常见的错误：建立一种新的、完全脱离以往习惯的职位描述，然后寄希望于以此为标准招聘新人。最终，残酷的现实让我清醒了过来：我发布的这份一厢情愿的职位招聘根本无人理睬，只有空空的联系人收件箱在提醒我，一定是哪里出了问题。

我显然忽视了一项至关重要的事实。

事实上，我梦想中的技能高超、积极主动且极富敬业精神的团队其实已经存在于我们的企业之内。其实对于未知的恐惧是人类的本能。现有团队成员只是需要一条路径、一点激励、一些同理心以及倾听的耐心。

这段人才培养与企业云转型的旅程帮助我总结出大量最佳实践与宝贵经验。但我也必须承认，我在过程中犯了不少错误，也因此浪费了大量时间。不过最终，我们仍然建立起一条可行路径，并帮助第一资本在英国成功开展业务。通过我们的努力，第一资本的技术人才快速成长至世界先进水平。事实上，在全部 AWS 认证开发人员中，有 2% 目前正在为第一资本公司效力。①

事后看来，以下 12 个步骤对我们的探索与尝试起到了重要的推动作用。

第 1 步——接受

心理学专家们认为，接受现实是恢复心理健康的第一步；这一点在云转型方面也完全适用。您的工程师们必须接受他们拥有学习能力的事实，即他们完全能够快速掌握 AWS 云技能并成为专家。当然，组织内的技术领导者们也应拥有这样的心态。正如 Stephen 所指出——也得到了第一资本实践经验的验证，您已经拥有您所需要的人才，他们在多年的现有系统开发与运行方面积累下了丰富且宝贵的经验。

---

① https://www.cloudtp.com/doppler/capital-one-pushing-frontiers-banking-focus-technology-talent/.

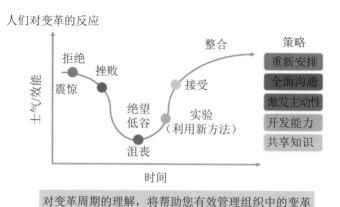

对变革周期的理解，将帮助您有效管理组织中的变革

第 2 步——培训

在建立起接受现实的心态之后，应尽快启动 AWS 技术基础课程。[①] 这一课堂课程中包含大量令人赞叹且身心愉悦的技术，让人学到将可能变为现实的艺术。此外，AWS 的培训团队与认证培训合作伙伴们[②] 也将随时为您提供帮助。

第 3 步——动手时间

没有任何算法可以压缩获取经验的时间。因此，现在大家需要亲自动手，从实践中得出真知。尽管还很笨拙，但应允许工程师们在安全的空间中浏览并尝试进行配置。当然，几乎无限的云资源可能会令工程师们感到无从下手，而他们可能非常兴奋或略感失望。但不管怎样，请接受这种每个人都需要经历的学习曲线（有些很短、有些很长，具体视个人而定）并保持鼓励的态度。

---

① 　https://aws.amazon.com/training/course-descriptions/essentials/.

② 　https://aws.amazon.com/partners/training-partner/.

第 4 步——建立您的"双披萨"团队 ①

　　您建立的第一支工程师团队应该包含全部 IT 组合中的各项核心技能——网络、数据库、Linux 服务器、应用程序、自动化、存储以及安全等。该团队会逐步取得进展，并有可能开始关注 Terraform② 等各类相关工具。此外，该团队还会编写出 AWS CloudFormation③ 代码。当然，他们也会犯错误，而这一切都很正常，请不必紧张。

第 5 步——引入专家

　　经验积累是个漫长且难以速成的过程。因此，现在大家应该向团队中引入真正的专家。事实上，在这一阶段，由具有正确态度的专家级工程师介绍分享知识与最佳实践正是最重要的任务所在。在第一资本英国分部，我与 CloudReach④ 密切合作以引入多位拥有专业认证且实践经验丰富的 AWS 工程师。此外，我还将这些专家级的工程师引入到多个不同团队，希望他们在最需要的位置发挥作用。这将引发一种变革性效应。人类会通过观察、提问与学习获取来自他人的知识。更重要的是，工程师们天然希望向同事们学习。此外，对于这些规模较小的团队，成员们能够以比课堂教学更有效的方法直接向专业人士请教并动手实验。有时候，我们甚至能够将引导周期缩短至一天。在短短的一天中，新工程师会加入团队，然后展示如何使用 CloudFormation 并推广其他持续集成 / 持续开发（简称 CI/CD）⑤ 最佳实践。

---

　　① http：//blog.idonethis.com/two-pizza-team/.

　　② https：//www.terraform.io/.

　　③ https：//aws.amazon.com/cloudformation.

　　④ https：//www.cloudreach.com/.

　　⑤ https：//aws.amazon.com/getting-started/projects/set-up-ci-cd-pipeline/.

第 6 步——实际构建

　　到这一阶段，敏捷"双披萨"团队的目标应该是构建一些真正能够应用于生产环境的成果。举例来说，大家可以利用基础亚马逊机器镜像（AMI）[①]托管一款小型应用程序及其相关网络设置。在这方面，应尽量选择重要但不会造成重大影响的项目作为起点，同时确保成果能够在数周——而非数月内——实现。持续追踪进度，观察成效进展，设置截止日期，并对进展及最终结果做出总结。总而言之，不要抱着一蹴而就的心态。这一过程的意义在于帮助大家熟悉 AWS 中的各类基础构建块。（大家不可能也不需要在起步阶段就充分了解 AWS 提供的 90 多种基础服务构建块。）此后大家有更多时间可以将现有成果扩展至其他解决方案中。这类实验的优势在于您将能够根据需求随时推翻多次重来，从而在学习中逐步、自然地熟练掌握 AWS 提供的能力。

第 7 步——通过团队拆分扩展学习成效

　　当首支团队已经熟悉了关于 AWS 的大部分特性并成功交付产品后，接下来大家可以对该团队进行初步拆分[②]。这一过程类似于细胞核的有丝分裂，我们应将掌握了相关经验与最佳实践的首支团队拆分成两个新的四人团队，并向这两个团队分别再额外引入四名工程师。这个过程相当困难，需要大家认真处理，特别是应以坦诚的态度对待成员并积极肯定他们的集体贡献。另外，要求原有成员向新队友传授最佳实践与云经验。在这种方式的推动之下，新的团队将逐渐成熟并再次拆分，直到组织内的所有工程师都成为某团队中的一员。

第 8 步——认证

[①]　http：//docs.aws.amazon.com/AWSEC2/latest/UserGuide/AMIs.htm.

[②]　https：//www.khanacademy.org/science/biology/cellular-molecular-biology/mitosis/a/phases-of-mitosis.

无论是选择 AWS ① 抑或是我们的优秀合作伙伴 ② 提供的技术培训，到这一阶段，大家可以开始自己的认证获取之路了。建议使用 A Cloud Guru③ 等服务为工程师提供清晰明确的认证流程，让他们能够遵循自己熟悉的学习周期与节奏而获取认证。我主张以"副理"级认证④ 为起点，然后逐步考取"专业"级认证 ⑤。这里要强调的是，因为这一步骤往往受到严重忽视。在第一资本，我们观察到工程师认证、应用迁移以及新系统构建之间的重要关联。第一资本甚至为一项专门的转型流程衡量方法申请了专利。其中对工程师获取认证的过程帮助大家成为专家，并有助于在交流当中使用 AWS 语言，并将其作为支持解决方案的标准方法。

第 9 步——对认证与相关领导力进行扩展

对第一资本、其他客户以及众多科学研究的统计结果表明，10% 是推动云迁移工作达成临界点的必要工程师比例 ⑥，在此之后，平台推广带来的网络效应 ⑦ 才会真正出现。因此，在云转型过程中，将工程师学习与认证获取比例推向 10% 里程碑就成了一项重要目标。一旦实现了这一目标，不仅仅是在内部，云转型努力也会在企业之外呈现出引人瞩目的光晕效应 ⑧。那些只希望与云原生企业合作的工程师人才将感受到您的吸引力，并开始认真考虑是否应该加入。这反过来又会加快您的云转型速度，最终令变革水平呈现出指数级增长。

---

① 　https：//aws.amazon.com/training/course-descriptions/.
② 　https：//aws.amazon.com/partners/training-partner/.
③ 　https：//acloud.guru/.
④ 　https：//aws.amazon.com/certification/certified-solutions-architect-associate/.
⑤ 　https：//aws.amazon.com/certification/certified-solutions-architect-professional/.
⑥ 　https：//www.sciencedaily.com/releases/2011/07/110725190044.htm.
⑦ 　https：//en.wikipedia.org/wiki/Network_effect#Types_of_network_effects.
⑧ 　https：//en.wikipedia.org/wiki/Halo_effect.

第 10 步——发现并奖励专业技能（要大声骄傲地宣传！）

作为 IT 主管，应该为自己设立一个小目标——及时宣布每一位获得云技能认证的工程师的名字。此外，还应提供多种多样的奖励与认可机制，用于肯定这些获得技术进步的成员。聚餐、礼品券、饮品券、团队专座或者其他新奇奖项等，您可以充分发挥自己的想象力。在第一资本，我们拥有一份全球名录，其中记录着各分部中获得 AWS 认证资质的员工姓名。我们将其视为一种重要的内部成就。事实上，每一位工程师都希望得到同事们的尊重，而认证与成就能够很好地赢得认可。

第 11 步——亲自接受挑战

还记得在员工大会上表扬通过认证的工程师们并向他们颁发奖品时，观众中传出了一声质问："既然认证这么重要，那你打算什么时候参加考试？"这真是个尖锐的问题，我个人也确实很久没参加过行业考试了。但作为一个身体力行者，我自己当然也不应该逃避。为此，我亲自下场，拿到了自己的 AWS 副理架构师认证资质。现在，我也可以自豪地以领奖者的身份站上舞台了！通过考试这种重要的强制性方式，我得以更为广泛且具体地了解 AWS 所提供的各类核心构建服务。

第 12 步——建立统一的技能组合

最后，在适当的时候，大家需要为技术人员们建立起统一的技能组合和成长途径。在第一资本英国分部，我们采取了以下组合构建模式。

技术项目经理（简称 TPM）——通常负责敏捷执行、培训协调以及管理团队依赖性等工作。

AWS 基础设施工程师（简称 IE）——即前数据中心系统工程师，他们通常熟悉 Linux/Wintel/ 网络等。但现在，他们需要根据生产团队的要求为不同的 AWS 构建块编写 CloudFormation 代码。需要成为 AWS 专家。

软件开发工程师（简称 SDE）——利用多种软件语言编写逻辑并匹配各类数据结构。

软件质量工程师（简称 SQE）——执行测试驱动型设计原则。在整个生命周期内考量并执行测试工作。

安全工程师——推动全面的安全性保障。

工程技术经理——负责对由上述技能小组构建的工程师团队进行指引与监督。

在推进过程中，可能还需要打破一定原有的天花板。在这类工作中，最重要的是确保没有人事管理职权的工程师能够被提拔到总监甚至更高层级的管理职位。这样的提拔旨在强调对技术深度及相关能力发展的尊重，同时也将重申技术领导者职能范围的扩大。作为领导者，您的员工应该能够扩大自身影响力，并通过技术层面的努力获得提升，应该是您的职能最有回报的价值。在我管理的团队中，有不少成员获得这样的机会而自豪地获得了理想的晋升。我个人也成功突破天花板。在离开第一资本英国分部时，最让我感到骄傲的成就就是我们云卓越中心的一位创始成员成功晋升为基础设施工程总监。时至今日，我的这位好友仍是优秀的个人贡献者和 AWS 实战专家。

遵循这 12 步人才转型流程，相信您的团队将能够为客户带来更出色的服务与创新成果。

请记住，"您眼中的一切假设性束缚，其实都值得商榷。"

最佳实践三：
建立实验文化

第19章

利用云建立起实验文化

最初发布于 2016 年 1 月 4 日：http：//amzn.to/cloud-culture-of-experimentation

"速度对业务至关重要。"

——Jeff Bezos

　　时至今日，相信很多朋友已经感受到了在市场上保持竞争力的巨大挑战——但必须承认，在不少行业中，市场竞争向来如此激烈。《连线》杂志指出，自 1955 年以来，每年的全球财富五百强企业榜单中都有 20 ～ 50 家企业从名单中消失①。正是技术的作用使得这样的更迭变成常态。更具体地讲，在过去几年中云计算已经成为决定企业命运的——虽不是唯一——但确是最关键的使能因素。云计算的出现令资金规模有限的小型企业得以从无到有，进而颠覆一个行业。如爱彼迎、品趣志、优步和胜田这些公司十年前根本就不存在。而现在，这些后起之秀已在利用云资源重新定义各个行业。

　　那么这些颠覆性企业（大部分属于初创企业）之间有何共同之处？答案是，他们都推崇实验文化，即探索那些无法预先确定是否有效的发展方向。

---

① http：//www.wired.com/2012/06/fortune-500-turnover-and-its-meaning/.

实验文化不再只属于初创企业

好消息是云计算能够帮助任何企业——无论其大小新旧——推广实验文化并在激烈的市场竞争中占得先机。话虽如此，企业规模越大、IT 业务成熟度越高，其利用云计算改造就需要做出更多的变革。

对于那些已经成功利用云资源建立自身优势的企业而言，变革实际上代表着一种重要的发展机会。这些企业的高管们并不害怕改变现状，而建立实验文化是企业高管最需要进行的变革。在担任道琼斯公司 CIO 时，我一直在努力培养这种文化。事实上，我所欣赏的众多其他企业——包括第一资本、通用电气、强生以及新闻集团等，也都采取着同样的方法。这些企业都在以积极的心态挑战现状，努力紧跟客户需求，进而保持在市场竞争中的领先地位。

也正是由于这种趋势的出现，使得我们将建立实验文化定义为企业云转型之旅中的第三项最佳实践。对于那些希望创造实验文化的读者来说，我们将以一系列话题来讨论如何建立这种实验文化。本章将简要介绍高管如何建立实验文化，而我们将在后续章节中深入讨论与此相关的其他议题。

云计算如何使实验变得容易？

面临激烈的市场竞争环境，市场领导地位与资本获取能力已经不足以让成熟企业继续保持领先优势。下面将介绍云计算如何使实验变得更容易——特别是对大型企业而言。

无须获得资金就可以进行实验。在个人职业生涯中，我花了大量时间向企业高管团队证明我所提出的未来产品能够带来理想的投资回报率。但必须承认，我几乎根本没办法准确对相关容量需求进行规划，最终的基础设施构建总是存在配置过度的问题。而有少数案例，我花费在论证投资回报上的时间甚至超出花在拿出产品首个版本上用的时间。相比之下，云计算采取即用即付机制——您只需要为实际资源使用量付费，且不再需要耗费几个月时间论证，几天就可以论证实验的项目是否能够带来投资回报。事实上刚刚入门的新手甚至可以使用更简单的选项。例如，目前一部分 AWS 提供免费服务，您可以免费直接试用。

对于那些未能成功的项目，云计算不会产生费用。根据个人经验，我发现很多看似完美的愿景并不一定带来市场需要的产品。我尝试构建的很多产品都没能获得成功推广，我也不会为此感到羞耻——因为我从中学到了很多。但必须承认，如果每次尝试都需要进行前期投入，那么会给资产负债表添上难看的一笔。更令人难受的是，有时候我们还不得不将那些资产记到不合适的特定项目名下。很明显，利用一台 16 核的服务器运行企业维基页面绝对看着很滑稽。但在云计算的帮助下，如果产品达不到预期，我们完全可以减少资源配额，甚至彻底将其关闭。

云计算还针对自动化机制进行了优化。自动化任务处理方案能够在软件中进行复用，确保我们将更多时间投入到真正能够支持改进企业底线的产品开发工作中来。

云计算确保我们能够将注意力集中在真正重要的事物上。云计算消除了大部分与企业 IT 相关的沉重负担。Talen Energy 公司的 Bruce Kantor 在最近的交谈中告诉我，"我们用不着再关心负载均衡器，我们现在可以直接进行负载均衡。"结论就是，正是上述原因迫使高管们选择利用云环境作为承载整体业务的平台。云计算不仅消除了沉重的基础设施管理负担，同时也允许企业领导者重新分配这些宝贵的资源以强化提升业务收入的工作。

第20章

利用云环境进行实验时的四要与四不要

最初发布于 2016 年 1 月 25 日: http: //amzn.to/dos-donts-cloud-experimentation

"要证明棍子是弯的，最好的办法不是花时间争论或者指责，而是在它旁边竖一根直杆。"

——D.L. Moody

上一章探讨了云计算如何降低实验门槛，帮助具有不同规模与特性的企业以成本更低、风险更小的方式探索业务创新灵感。如今，企业越来越意识到拥有实验文化对在目前市场上保持自身竞争力的重要意义。实验孕育创新，而云计算的全面普及带来了前所未有的创新尝试机遇。

那么，大家打算从哪里入手？在组织实验文化构建的起点选择方面，需要考虑四要与四不要因素。

（1A）**要管理期望**。并非每一次实验都能为您带来与预期相符的结果，但每一次实验都必然是重要的学习与运营改善机会。如果您的组织还没有习惯这种从失败中学习的氛围，那么请从小处着手并确保每位成员明了项目的实验性质。另外，通过明确实验目的有效管理利益相关者的期望，包括预期中的结果如何、打算如何衡量及检测这一结果，以及希望从中学习到什么。我发现，大多数赞赏实验文化的高管人士在意识到不断尝试给组织带来的学习特别是经验收益之后，对于结果的不确定性已经能够坦然接受。

（1B）**不要从那些每位成员对结果都有明确要求的项目入手**。如果您是一位希望建立实验文化的变革推动者，千万不要在转型之旅中过早引入那些相关者要求获得特定结果的项目。举例来说，我强烈建议大家，不要把年终结算作为起始项目。一位曾经合作过的 CEO 告诉我，有些失败对企业而言可以承受，但有些却绝对不行。因此，请以增量化方式逐步推进并缓慢增加您所运行的实验数量，且千万不要超过组织的消化能力。

（2A）**要鼓励团队提出实验建议**。每个组织都拥有自己的一套方法，用于确定值得为哪些项目分配技术资源。遗憾的是，一部分组织目前仍将技术或 IT 部门视为成本中心，而且决策人员与实现人员之间存在着巨大的隔阂。当然，好的想法可能来自任何部门，但大多数技术专业人士都有着独特的创新视角，能够更敏锐地从外部成果中提取出重要经验。这种情况在刚刚迈入云转型之旅的组织中尤为普遍——利用云管理相关项目的个人最适合提出建议，设计出能够充分发挥云优势以实现业务收益的实验方向。因此，大家应该尽可能支持来自团队的建议，并允许员工在管理层的投资决策中发表意见。

（2B）**不要在确定衡量标准之前，忙于进行实验**。大家当然希望将时间与资源投入到正确的实验项目上，同时确保由此获得的经验教训能够改善现有运营流程与各类产品。因此，在团队深入推进实验工作之前，大家应该明确在实验过程中衡量哪些指标以及如何衡量。如果打算为网站添加一项新功能，那么哪些指标能够证明其是否成功？是网页浏览量、点击次数还是用户退出情况？这种具体的额外努力会引导团队思考其提出实验的意义，同时确保团队对潜在实验方向做出正确的优先级排序。

（3A）**要考虑通过 DevOps 实现实验文化制度化**。DevOps 理念能够帮助大家有效地将实验真正引入组织体系。将"谁构建、谁运行"原则与自动化相结合，能够显著缩短发布变更所需要的时间周期，从而提高发布频率并快速回滚一切未能达到预期的变更操作。成熟的 DevOps 组织还开发出 A/B 测试框架，允许相关团队针对不同用户群体进行同步体验追踪，从而确切了解怎样的调整最适合实际需求。

（3B）**不要怀疑您的团队**。怀疑情绪对于团队而言代表一种巨大的阻力，同时也可能引发各种失败问题。在正确划定实验范围之后，请快速推进并快速迭代，并用调整来代替单纯而无意义的怀疑。确保团队能够以正确的衡量方法考核实验并提出困难问题，并尽可能为团队提供帮助——而非怀疑他们的交付能力。人们更倾向于追随那些相信他们，坚定认为他们可以取得成功的领导者。

（4A）**要鼓励组织整体全面参与。** 在开始通过实验方式加快结果交付之后，组织中的其他部门将逐步被你的方法所吸引。热情邀请他们参与其中，组织跨越多个不同业务领域的员工进行黑客马拉松活动，由利益相关者帮助定义衡量实验成果的方法，并询问高管人士希望在哪些方面做出尝试。虽然不是每家企业都愿意为员工提供实验活动的时间与资源，但愿意采取这一理念的企业往往能够获得显著的竞争优势。至少，这些充满包容性氛围的活动将极大地提高员工的士气与工作满意度。在我相对短暂的亚马逊任期之内，我发现这里每个人都能够参与思考，并以书面形式提交实验申请。这是我们企业文化中的重要组成部分，亦成为吸引并挽留创新者与创造者的强大工具。

（4B）**不要让实验延缓或停止交付。** 不要因为实验而免去要求团队按时交付成果。失败与学习很重要，但不能因此忽视实验项目的成果交付。由此构建的软件仍然需要在测试后发布，且通常需要以生产环境中的实际流量进行衡量。因此，项目本身的实验性质并不意味着大家可以随意延缓速度或降低质量。毕竟，实验项目也是业务，我们应该严肃对待。

您的组织在建立实验文化方面做出了哪些努力？请与我分享您的真知灼见。

最佳实践四：
选择正确的合作伙伴

第21章

与合作伙伴一道加速您的云战略

最初发布于 2016 年 2 月 8 日：http: //amzn.to/accelerate-cloud-with-partners

"你能做到我做不到的事，我能做到你做不到的事。我们在一起，能够做伟大的事。"

——Mother Teresa

不同的组织往往采取多种方法与具备技术专长的第三方开展合作。有些企业倾向于自行建立技术方案；有些企业则将部分甚至全部技术开发、维护与持续运营工作外包给合作伙伴。无论选择哪种方式，大家都至少需要与一定数量的硬件、工具和云服务供应商合作，共同为内部及外部客户提供产品与服务。

我曾经与数百位正在推动云转型的企业高管交流过他们在过去几年中采取的技术战略，很多人开始重新审视自己的合作方式，并意识到云计算能够在哪些方面为其业务带来助力。本章将探讨云计算普及之后，当前技术生态系统中发生的各类变化，同时关注与合作伙伴相关的一系列重要议题。下面就开始企业云转型之旅中的第四项最佳实践。

了解快速发展的生态系统

云相关生态系统惊人的增长速度一直在挑战我的认知。在过去四年，我一直在出席 AWS re: Invent 大会，而每一次我都惊叹于合作伙伴展区相较前一年的规模扩展。从这个角度来看，大会合作伙伴展位的数量在 2012—2015 年增加了一倍以上，而当初一个小时就能游历的各类最新工具与服务，如今可能一天都探索不全。我想象不出应该用怎样的词汇形容这一市场的迅猛发展态势，而风险投资者们也将此视为重要的投资机遇。

　　不断发展的生态系统可能会令您难以找到真正适合自己的合作伙伴，但与此同时，服务商之间的竞争也将不断提升服务品质。您的 AWS 客户经理与我们的 AWS 合作伙伴目录能够帮助您根据实际需求缩小搜索范围，AWS Marketplace 则能够在几秒之内帮助您找到并部署来自各家供应商的不同解决方案。如果您在 AWS Marketplace 找不到自己需要的工具，请与我们联系。

文化转型

　　目前的发展景象令人振奋：具备开放性心态的大型组织开始越来越多地同小型、精益且尚未被证明的年轻企业建立合作伙伴关系，希望共同构建能够满足企业需求的工具、专业服务与管理方案。在十几年前代表所在企业采购技术产品时，高层指示我一定要与拥有悠久历史与可观规模的大型公司建立合作关系。如今，我发现很多财富五百强公司开始与刚刚建立的（比我 4 岁女儿还年轻的）初创企业携手并进，信任后者能够帮助其解决最令人头痛的难题。这种"新老协作"的方式甚至有望帮助老牌企业改变整体业务。

　　众多技术主管目前正将组织引向数字化与客户优先的轨道，而他们也意识到只有与开放、年轻且在云上诞生的供应商开展合作，这一切才有可能快速成为现实。在道琼斯公司担任 CIO 时，我个人的主要动机之一就是将亚马逊的企业文化与我们自己的文化相结合。我希望将亚马逊作为方向性榜样，指导我们关注客户需求并建立起快速行动的能力。我希望建立起 DevOps 文化，鼓励实验与探索心态。而大部分年轻的供应商——包括 2nd Watch、Cloudreach、Cloud Technology Partner、Minjar、New Relic、App Dynamics、Chef、Puppet 以及 CloudEndure 等，也出于同样的考量探索新的业务空间。

当然，这绝不是说大型现有服务供应商及工具就无法利用这波潮流实现快速演进。在许多情况下，我们也在保持现有合作关系的同时很好地推动着业务与文化转型。AWS 公司最近公布与埃森哲建立新的联合业务部门，而我们也在与更多大型企业联手，希望围绕云策略、迁移、大数据、分析以及物联网等新兴趋势帮助其实现业务重塑。相信未来几年，这类合作消息还将持续涌现。

在您关注的领域中寻找经过验证的合作伙伴

大家应始终致力于寻找那些与您拥有一致业务目标的合作伙伴。如果您希望建立 DevOps 理念并确保内部团队学会如何实现"谁构建、谁运行"原则，那么请确保您的合作伙伴表现出帮助您实现这一目标的能力。正因为如此，AWS 公司才决定启动 AWS 能力计划（AWS Competency Program）。我们希望帮助客户在我们的平台上取得成功，而此项计划将帮助您找到合作伙伴，能够引导公司顺利在你专注的领域取得成功。我们目前正着眼于多个领域协助实现生态系统发展能力，具体包括在 DevOps、移动、安全、数字媒体、市场营销、电子商务、大数据、存储、医疗卫生、生命科学、微软工作负载、思爱普、甲骨文以及迁移等领域。

无论您的组织抱持怎样的合作理念，我们都乐于帮助您找到合适且有助于目标实现的合作伙伴。

第22章

不要让传统托管服务供应商拖慢您的云战略步伐

最初发布于 2017 年 2 月 13 日：http：//amzn.to/dont-let-msp-hold-you-back

"如果没有离开岸边的勇气，你将永远无法发现新的海洋。"

——Andre Gide

　　大型组织往往很难跟上技术发展的步伐，而我也非常钦佩那些能够一再适应变化并顽强生存的企业。通用电气、第一资本、新闻集团以及网飞等企业都在不断努力进行自我重塑，并越来越多地利用云计算作为转型助力。更具体地讲，这些企业巨头——以及众多其他同样抱持这一理念的公司，开始广泛利用云计算承载大部分重复、繁重但不带来差异化的企业 IT 工作，从而将更多资源集中在能够真正为客户创造价值的事务身上。

　　持续改造并非易事，而且我接触过的很多高管都表示这是一段需要投入大量时间与精力的艰难旅程。无论您从事怎样的行业，情况都是如此。而我本人，也曾在工作中帮助众多客户与托管服务供应商（MSP）处理过这类过渡工作。

　　正如在下一章中所提到的，众多托管服务供应商都走到这个趋势的前面。作为其中的典型代表，2nd Watch、Cloudreach、埃森哲、Infosys、Wipro、REAN Cloud、8K Miles、Bulletproof、Cloud Technology Partners、Logicworks、Minjar

以及 Rackspace 等厂商希望尽力帮助客户利用云技术实现业务重塑（关于 AWS MSP 合作伙伴的完整清单，请参阅 https：//aws.amazon.com/partners/msp/）。

　　遗憾的是，许多传统托管服务供应商则在拖住客户的后腿。正如 Clayton Christensen 在《创新者的困境》一书中所言，这些传统托管服务供应商宁愿投入大量时间维持现有收入来源，也不愿真正帮助他们的客户获得新的竞争力。

　　在 CompTIA 最近发布的一份报告中，我毫不惊奇地看到有 44% 的托管服务供应商在调查中表示，他们只会在客户强烈要求时才对云服务提供支持①。除此之外，我还收到过一封来自某大型托管服务供应商高层管理人员的电子邮件，其中令人惊讶地提到这家知名公司对云发展前景做出的论断。正如这位高层人士承认的，该家托管服务供应商正在散布关于云技术的恐惧、不确定性与怀疑（Fear，Uncertainty and Doubt）情绪，希望借此延缓客户转向云端的速度以维护自身商业利益。这位高管说：

　　"我们现在唯一能够挽救自身市场份额的方法，就是加剧恐惧情绪。因为必须承认，我们根本没有武器来对抗 AWS 的市场统治地位。更重要的是，我们只能不断发动信息轰炸（包括供应商锁定、安全性等问题），从而尽可能让大型企业中的大多数运营管理人员继续身陷传统 IT 思维困境，并将云浪潮视为一种严重威胁。"

　　这封电子邮件的完整（匿名）版本如下——

亲爱的 Orban 先生，

　　在最近偶然拜读到您发表在 *Medium* 上关于大规模迁移的文章之后，我开始关注您的消息。就在昨天，我读到您讨论混合架构认知误区的文章。其中提及的，对立足多云环境进行应用程序重构的"恐惧"问题引起了我的注意。

　　以我的拙见，各大主要 IT 托管服务商（MSP）故意渲染这一威胁，以此

---

　　①　https：//www.comptia.org/about-us/newsroom/blog-home/comptia-blog/2016/07/21/why-cloud-is-the-stuff-of-msp-nightmares.

种注定无效的方法，试图去挽救自己的业务。必须承认，其中之一就是灌输在多云环境中构建解决方案的观点。如您所知，大多数托管服务商在云转型领域都表现得相当迟缓，而且一直在 AWS 的身后亦步亦趋。我们现在唯一能够挽救自身市场份额的方法，就是加剧恐惧情绪。因为必须承认，我们根本没有武器来对抗 AWS 的市场统治地位。更重要的是，我们只能不断发动信息轰炸（包括供应商锁定、安全性等问题），从而尽可能让大型企业中的大多数运营管理人员继续身陷传统 IT 思维困境，并将云浪潮视为一种严重威胁。现在人人都很清楚，如果不拥抱云计算，就只有死路一条。而为了缓解冲击，我们只能在简化 IT 的名义下注入更多的复杂性！

　　过去十年中，托管服务一直占据着市场上的主导地位；而 AWS 的出现则快速压缩着托管服务商的生存空间。尽管我绝对相信为多云环境构建应用程序实际上是一种弊大于利的过渡手段，并将以各家技术的最小公分母极大地限制云技术的潜能；但从我们的立场出发，我们目前的策略（虽然正慢慢趋于无效）只能是继续加剧这种恐惧情绪。

　　最初，我想把上述内容发布在 *Medium* 评论上。但在公共论坛上讨论自己的真实想法可能造成严重的后果，因此我决定采取电子邮件的方式。

　　期待读到您的更多精彩见解。

　　公平地讲，我非常理解这位高管所处的立场。变革非常困难，也有很多托管服务商在实现自我转型的同时帮助无数客户转变。事实上，规模化变革的难度甚至远远高于企业扭亏为盈。

但并非不可能……

Logicworks 公司在云计算出现之前就开始帮助企业客户管理内部 IT 环境，并在云时代下以极快的速度成功转型。事实上，该公司最近刚刚筹得一笔由 Pamplona Capital 牵头的总值 1.35 亿美元的投资。[1]

---

[1]　http://www.logicworks.net/news/2016/following-three-years-high-growth-its-amazon-web-services-cloud-automation-software.

Logicworks 公司 CEO Kenneth Ziegler 表示：

　　自 2012 年以来，我们主动颠覆了自身业务，其原因有二：第一，客户开始越来越多地要求我们帮助其理解 IaaS 产品；第二，AWS 已经成为一套卓越的技术平台，这意味着我们可以以此为基础构建起可复用、可扩展的解决方案；其不仅能够满足客户对于解决方案合规性及安全性的要求，同时也可通过自动化机制减少人为错误，并利用程序化方式超越以往的配置执行标准。

　　我们以往作为传统托管服务商时需要手动完成的繁重工作，如今开始由客户订阅的托管服务机器人接管。而且无论客户的 DevOps 专业知识处于何种水平，我们都能够引导客户更快地完成业务转型。这种停止维持传统受众群体，积极接纳新事物的勇气也给我们带来远超初步预期的业务增长。

　　作为 AWS 公司优秀的云计算合作伙伴之一，Cloudreach 公司一直以强大的云采用能力闻名，目前在 7 个国家拥有 350 家企业客户。这家创立于 2009 年的年轻企业以最佳实践为基础，努力为企业客户提供云技术采用过程中最佳实践的指导与云工具。

　　Cloudreach 公司美国负责人 Tom Ray 表示，为了提供最强大的企业云解决方案，他的团队一直在努力：

　　招聘合适的人才，帮助他们体验技术、理解我们的思维方式以及方法。当然，这需要时间、精力与经验的协同作用……整个过程急不得。

　　与此同时，同样诞生于云上且作为 AWS 大规模云托管服务伙伴的 2nd Watch 也在帮助大型企业客户解决问题。除了采用公有云服务之外，2nd Watch 还在积极探索当下及未来云的管理方式。该公司联合创始人兼市场营销与业务发展执行副总裁 Jeff Aden 表示：

　　通过与 2nd Watch 合作，我们可以帮助众多大型企业共同构建起定制的集成的综合性管理解决方案，且全面主动涵盖公有云提出的运营、财务与技术要求。最终，客户将更充分地发挥云计算带来的价值，同时降低转型风险。

　　REAN Cloud 同样秉持着类似的价值主张。这家云上诞生的托管服务商拥有丰富的核心专业知识，可帮助企业客户顺利建立并管理基于 DevOps 的托管服务体系。REAN Cloud 公司负责管理 Gartner 提出的所谓"双模 IT"[①]方案，其允许企业在管理传统 ITIL 主导型托管服务的同时，并行探索云主导转型。

　　Minjar 公司也是一家创新型托管服务商，已经成为印度的云计算领导者。该公司的智能托管云服务依托于专业人员加机器模型的实现方式。其中机器模型以该公司的 Botmetric 云管理平台[②]为基础，此平台融合 AWS 的功能、技术与自动化方案，可提供 24×7 全天候 AWS 云运营能力。

　　另外，Cloud Technology Partners（简称 CTP）是一家致力于帮助客户实现 AWS 迁移的云专业服务厂商，同时擅长帮助企业加快云采用与数字化创新举措。该公司执行副总裁 Bruce Coughlin 表示，客户通常会将该公司的交付团队称为"云理疗师"，因为他们能够帮助客户结合自身实际对云计算做出不同角度的思考。

　　Coughlin 解释称：

　　公有云绝不只是另一座数据中心，因此大家对待它的态度也应有所区别。我们帮助客户改变其固有观念，即从"我该如何在云端重复我在数据中心内的运营方式？"转变为"我该如何配置适当的基础设施，从而为开发人员赋能？"最终，通过在保障总体安全性与治理控制能力的前提下为开发人员提供必要的工具支持，我们顺利帮助客户实现了其设定的最高云转型目标。

---

　　①　https：//c.ymcdn.com/sites/misaontario.site-ym.com/resource/resmgr/MCIO_2015/Presentations/Bimodal_IT_-_Gartner.pdf.

　　②　https：//www.botmetric.com/.

与 CTP 公司类似，Rackspace 同样意识到帮助企业实现云迁移与云运营的重要意义。因此，它决定全面推动战略性转变，从而提供业界顶级的云管理与支持服务。Rackspace 公司副总裁兼 AWS 业务部门总经理 Prashanth Chandrasekar 表示：

过去 15 年来，Rackspace 公司一直致力于帮助客户利用不断发展的技术推动业务前行。我们看到客户对于 AWS 的巨大需求，并决定建立必要的技术与专业知识以引导他们充分利用 AWS 云资源。尽管投放市场刚刚一年多，我们的 Fanatical Support for AWS 已经成为 Rackspace 公司有史以来发展最快的业务类别，而我们也期待继续强化自身能力，以帮助客户真正建立起云赋能型业务。

无论企业选择哪一家托管服务商——或者是否选择此类厂商，都各自面临着独特的机遇与挑战，而这一切都将最终指导并限制其在云旅程中做出的各项决定。

埃森哲公司埃森哲 -AWS 业务部门负责人 Chris Wegmann 在文章 ① 中对这一观点进行了补充——

尽管看似不言而喻，但我们需要再次强调，请以结果为起点进行逆向规划。着眼于业务目标——包括您最重要的产出，而后决定应该采取哪一种迁移方法。每家企业都拥有不同的目标，而这也决定着他们适合采用哪一条典型的云转型道路以获得保障性结果。

例如，您的组织是否正面临着物理性挑战，例如数据中心更新或者租约到期问题？您的组织是否面临着技术债务问题，例如操作系统或硬件已经到了生命周期末期？或者，您是否希望对现有应用程序进行全面重新架构，从而确保其立足组织内部及外部实现更理想的弹性与敏捷性？很明显，在驱动

---

① https://medium.com/aws-enterprise-collection/cloud-migrations-some-tips-from-the-accenture-aws-business-group-5d6742e58aaf.

这类业务转型工作时，公有云将成为重要的催化剂。但具体的实现过程，则将根据您的业务需求而有所变动。

　　本书中提到的最佳实验同样适用于现代企业和传统托管服务商。这里我还想向那些正在为生存而苦苦挣扎的托管服务商提出一点建议……

　　停止徒劳的对抗。云计算就在这里，为客户带来收益是变革性的。这些客户需要您的帮助才能充分利用云计算的固有优势。最终，如果您不帮助他们，他们就会向其他厂商寻求支援。因此，请立足云端对团队进行培训与认证、调整市场定位，从而确保能够持续帮助您的客户重塑自身业务——您也将在这个过程中迎来企业的新生。

第23章

云环境下托管服务的未来

最初发布于 2016 年 3 月 4 日：http：//amzn.to/future-of-managed-services-in-cloud

"不能用昨天的方法做今天的工作，去成就明天的业务。"

——George W. Bush

云计算生态系统正在快速成长、迅速变化，而我接触过的大多数企业高管都在重新考虑他们应该与谁合作，以及合作对象能够如何帮助他们加快技术给组织带来实际价值的过程。

IT 托管服务领域在过去几年中已经发生了重大变化，而这一切自然源于云服务的快速普及。这一行业的固有势力为托管服务商（managed service providers，MSP），这些厂商的职能角色与商业模式在快速演进。本章将探讨企业在托管服务转型领域可能关注的几点重要问题。

搞定"烂摊子"还不够

从传统角度讲，托管服务商吸引到的主要是那些希望将部分工作外包出去的企业客户，这也确实能够帮助其降低成本并实现稳定的 IT 运营。然而，除了通过搞定"烂摊子"降低运营成本之外，大家还应当要求托管服务商引导您的企业 IT 战略，并确保其与市场整体趋势保持一致。

　　而且与您的企业类似，托管服务商也会被云计算所吸引：云计算能够为其提供更多可用于服务客户的资源，且帮助其摆脱与数据中心管理相关的各类重复性繁重工作和无处不在的 IT 服务。Logicworks、Cloudreach、埃森哲、2nd Watch、REAN Cloud、Cascadeo 以及 Mobiquity 等一大批托管服务商都已经借此简化了自身运营流程，从而进一步专注于增植服务的开发，同时优化其成本结构。这意味着下一代托管服务商能够获得更理想的利润空间，同时降低客户使用成本。

　　我也在托管服务商中发现了更多新的趋势：将其云迁移专业知识与企业已经习以为常的基于云而获益的"即服务"模式结合起来。

　　在这种新的安排体系中，托管服务商同意将企业的现有系统迁移至云端，承担起全部系统管理责任，同时以"即服务"形式向客户出售这些业务功能。想象一下，这意味着您将能够继续获得保持业务运转所必需的 ERP 系统功能，无须管理基础设施并获得可随业务流程变更而实现的可预测成本模型。此外，这种新模式也将帮助您摆脱烦琐的 IT 服务管理（IT Service Management，ITSM）流程，并将免去那些与这些流程相关的有时颇为惊人的费用账单。当然，也要警惕那些无良的托管服务商赚你的每一分钱——最近，有位高管人士向我抱怨，他们的托管服务商打算收取 10 000 美元的服务费，而工作内容竟然只是在 AWS 环境中创建一套 VPC。事实上，这项工作只需要几分钟，而且几乎不会产生任何开销。AWS 与埃森哲的合作团队一直在努力探索这方面的价值主张，我也将在后文中对此进行更多的深入探讨。

托管服务商的 DevOps 角色

　　在第 21 章中，我曾提到众多企业正在寻求合作伙伴以帮助其发展推进其企业文化。我还撰写过一系列 DevOps 文章，详细阐述了企业为何越来越重视 DevOps 理论，以及应如何规划组织变革从而迎接这种文化层面的转变。目前已经有几家卓越的托管服务商将这些思想结合起来，希望在帮助保持企业平稳运营的同时，充分利用 DevOps 原则建立起实验文化。

　　AWS 公司建立的 AWS 托管服务项目（AMS）专门面向托管服务商，其中针对大规模云运营场景为其提供一套最佳实践指南，同时定期利用独立的第三方审计企业对实施情况加以监督。通过选择这些已经通过 AWS 托管服务计划审计认证的合作伙伴，您将能够对合作方的云专业知识建立起更坚定的信心，并信赖由其帮助您建立起适合自身实际的云运营模式。

　　与 AWS 托管服务计划一样，与具备 AWS DevOps 能力认证的合作伙伴协作，也可确保您在卓越合作伙伴的帮助下逐步了解如何运用持续集成、自动化等由 AWS 提供的，以 DevOps 为核心的新型工具。

　　如果您希望了解并接触这些具备出色能力的合作方，下面列出其中一部分通过这两项认证的卓越厂商：2nd Watch、Cascadeo、Cloudreach、REAN Cloud、Smartronix、Rackspace 以及 Logicworks。

　　如果您目前的合作伙伴尚未获得这两项认证，但您希望他们有，那么请敦促合作方考虑加入这些认证。另外，我也期待听到大家关于托管服务行业在未来几年中应如何发展以求得持续生存的期待与建议。

最佳实践五：
建立云卓越中心

第24章

如何在企业中建立云卓越中心

最初发布于 2016 年 3 月 17 日：http：//amzn.to/create-cloud-center-of-excellence

"给我一个足够长的杠杆和一个支点，我就能撬动地球。"

——阿基米德

2012 年，我有幸出任道琼斯公司 CIO。道琼斯公司拥有长达 123 年的悠久发展历史，具有强大的品牌、丰富的内容以及忠诚的客户基础。我的工作是将技术团队的关注重点转向产品开发，从而帮助公司在日益激烈的竞争环境中保持优势地位、改善运营效率并降低成本支出。

在推进相关战略的过程中，我们采取了一系列不断演进的措施以实现上述目标，包括开展人才内包、利用开源成果以及引入云服务等，希望借此将主要精力集中在业务上。在这一过程中，我们做出的最重要的决定就是建立起云卓越中心——我们将其称为 DevOps 团队，用于整理资料以指导我们如何构建并执行组织内的云发展战略。在整个职业生涯中，我曾经无数次见证变革管理计划的成功与失败，因此我很明白建立起这样一支专注于企业最重要的动议的负责单一事务的团队，正是帮助组织整体快速取得变革结果的最有效方法之一。我在企业 DevOps 系列文章中更具体地阐述了这方面的经验与心得。

自那时开始，我开始关注每一家能够在变革转型方面取得有意义进展的企业，并发现他们都拥有一支致力于创造、布道与落实最佳实践制度化的团队，负责越来越多地利用云计算实现原有技术运营体系中的实践、框架与治理能力。这些云卓越中心团队从小规模起步逐步发展，探索并积累企业应如何以负责任的方式大规模采用云技术。而且只要实施得当，云卓越中心完全能够成为帮助组织转变技术服务方式的支点。

在接下来的几章中，我将具体探讨企业通过以下几个方面建立云卓越中心。

建立团队

首先建立一支由 3 ～ 5 位拥有专业背景的成员组成的团队。在起步阶段，最好选择开发人员、系统管理员、网络工程师、IT 运行人员以及数据库管理员等职能角色。在理想情况下，这些人应当拥有开放的心态，同时渴望探索如何利用现代技术与云服务以更多创新方式完成工作，并最终推动组织走向未来。另外，请不要害怕招募那些缺少相关经验的人员——在这方面，态度与能力同样重要，而且您所需要的云技术人才其实就在身边。

为团队责任设定范围（并不断扩展）

云卓越中心应负责建立最佳实践、治理与框架，以供组织内的其他部门在云环境上部署系统（或者进行系统迁移）时加以利用。请首先从基本面出发：角色与权限、成本治理、监控、事件管理、混合架构以及安全模型。

随着时间的推移，这些责任将得到进一步扩展，包括多账户管理、管理"黄金"镜像、资产管理、业务部门付款以及可复用参考架构等。当然，大家首先需要确保不致陷入分析瘫痪，并通过实战自然地发展您的能力。

推动团队将各类最佳实践整合起来

之前提到的这些最佳实践存在着密切的关联性。要取得成功，您的云卓越中心需要：从高管团队处获得有力支持、考虑如何利用云卓越方法培训组织、推动实验文化以保持竞争力、及时了解所在环境的最佳工具与合作伙伴、为组织建立混合架构，并最终成为云优先战略中的核心参与者。

第25章

为企业云卓越中心配备相应人员

最初发布于 2016 年 3 月 17 日：http://amzn.to/cloud-center-of-excellence-staffing

"未来由态度、才能与感恩之心决定——而非知识。"

——Debasish Mridha M.D.

在任何一段成功的企业云转型之旅中，从小处入手、反复迭代以及持续成长将是一个不断重现的主题。我建议大家在组建云卓越中心团队时，也要采取这样的迭代思维。

首先，可以招募少数具有前瞻性思维的员工，他们乐于学习探索云计算将给组织带来怎样的令人兴奋的变革。事实上，3～5 个人就能够快速产生明显的差异。在此之后，大家应每月对现有云卓越中心的影响力进行评估，调整并扩展团队指标，而团队将随着项目数量和规模的增加而成长。

如何判断是否选择了适合的人员？

高管人士经常问我，应该寻找哪些人才类型，以及从哪里才能获得这样的人才。一般来讲，我发现在变革过程中，员工的态度与能力同等重要，这意味着大型企业一定已经拥有云技术转型所必需的人员。这些人员真心渴望学习新的知识掌握新的技能。具体来讲，大家可能并不难于发现，组织之内有很多员工渴望将云技术引入自己的现有项目。当然，大家也可以引入新鲜血液以增强团队，但这应作为一种补充而非核心手段。大家不必等待新人到位即可开始云的征程。如果每家企业都坐等新人的加入，那么我们就会陷入不必要的停滞中。我们完全可以在组织内培养这些急需的人才。

在理想情况下，云卓越中心团队的成员应该来自不同的教育背景与职能角色。其中包括（但不限于）应用程序开发人员、系统管理员、网络工程师、安全人员、IT 运营与数据库管理员等。对多元专业知识的汇集将确保您的云卓越中心团队拥有更广泛的适应能力，同时也显然可以提升云平台的完整性。该团队应了解现有的产品与流程，并以此为基础为组织创建及管理最合适的云最佳实践。

大多数云服务提供的"即服务"模式天然具备跨职能的视角。举例来说，相当一部分现有服务器与数据库管理任务的自动化转型工作可以通过软件控制实现。这方面的工作不仅要求成员理解如何优化服务器及数据库上的应用程序，同时也能够充分发挥既懂代码编写、又了解自动化知识的人才的潜能。

这种学科融合正是 DevOps 崛起的根本原因之一，也使得很多云卓越中心被称为 DevOps 团队——其中的成员也因此获得 DevOps 工程师的名号。虽然"DevOps"与"DevOps 工程师"都是比较新鲜的表达，但我认为这些概念实际上已经拥有数十年的历史。如今，扮演这些职能角色的成员拥有不同的学科专业背景，他们希望扩大视野并为组织提供更为多元的价值主张。

当然，每家企业中既拥有积极引导云转型的员工，也会有不喜欢变革的员工。有时候，说服这些犹豫不决的员工的努力，也是朝着正确方向推进的过程。我就曾经与几位高管进行过交流，他们所在的企业安排了一两个持怀疑态度的员工加入云卓越中心。如果您的组织中也存在这样具备巨大影响力，且对云发展方向持谨慎心态的高管人士，您可以考虑将他们引入云卓越中心或者建立联系通道，并将他们的成功与你们多快可以从云中获得价值捆绑在一起。这类方法需要配合谨慎管理，但我认为这种源自实践的渗透将成为文化转变的放大器。如果这些怀疑论者能够更多地了解云计算对企业业务及其职业生涯带来的积极影响，那么他们很有可能表现出更坚定的支持态度，并鼓励组织中的更多成员加入云优先阵营。

最后，云卓越中心向谁汇报不重要，获得企业高管团队的全力支持才最重要。您的云卓越中心必须在组织架构中拥有足够高的地位，方可为组织带来有冲击力的重要影响。

您在云卓越中心人员配置方面有着怎样的心得？您是否总结出了其他重要策略，以确保团队有凝聚力并走向成功？请不吝分享您的真知灼见！

第26章

云卓越中心的常规职责

最初发布于 2016 年 4 月 12 日：http://amzn.to/cloud-center-of-excellence-responsibilities

"正确的事，往往也是困难的事。"

——Steve Maraboli

云卓越中心的团队成员负责为组织内的其他员工提供可资利用的最佳实践、治理与框架方案，用于利用云资源推动业务转型。云卓越中心的建立，是我总结出的企业云转型之旅七项最佳实践中的第五项。

在组织内建立的云卓越中心应该遵循先小后大原则，其规模随为业务增加的价值量而逐步扩展。通过这种方式，组织将能够更好地为云卓越中心设置成功指标或 KPI，同时衡量其发展进度。我观察到的衡量方法包括 IT 资源利用率以及每月 / 每周 / 每日新版本发布数量等，用以体现云卓越中心对敏捷性提升带来的实际影响。将这些与以客户服务为中心的方法相结合，业务部门会更加认同云卓越中心的价值主张并乐于进行与云卓越中心团队的合作，促使更多业务部门希望与云卓越中心开展更多的合作。第 25 章探讨了如何为云卓越中心配备人员。本章将介绍成功建立云卓越中心的组织所关注的一些常见考量因素。当然，受篇幅所限本章不可能列出所有值得关注的方向，您可以将此视为开拓思路的指导而非巨细无遗的清单。另外，我们还将分享一些可供利用的额外资源与辅助选项。

再次强调，请从小处着手：作为起步，只需要解决当前项目中面临的具体问题，而非一蹴而就地解决所有问题。在推进过程中，我们将逐步在学习中完成实验、衡量。

身份管理。您打算如何将云环境下的角色与权限，同组织内现有的角色与职责机制对应起来？您希望在不同环境中采用哪些服务与功能？您希望如何将 Active Directory 和单点登录（Single-Sign-On）平台与云环境整合起来？举例来说，AWS 的身份接入管理服务就提供了一套细颗粒度跨 AWS 服务的接入管理平台。这种细颗粒度的控制方法对于大多数企业都属于新鲜事物，这意味着您将有机会重新思考组织内的职能角色，进而设计其可以访问哪些具体资源和服务。

账户与成本管理。您是否需要将账户映射至各业务部门与成本中心处，从而在逻辑上将 IT 服务与特定业务部门的成本区分开来？虽然业务部门需要对与其消费相关的成本负责，但立足宏观层面对资源组合进行集中性成本优化显然更科学也更容易。您的云卓越中心应该考虑如何合理利用保留实例资源，从而在保证业务灵活性的同时借助各类工具选项（包括 CloudHealth 以及 Cloudability 等）实现成本控制和优化。

资产管理和标记。您希望对所配置的资源如何进行追踪？我见到的相关实例包括预算代码、成本中心、业务部门、环境（例如测试、准备与生产环境等）以及持有者等。在任职于道琼斯公司时，我们遇到的第一个难题就是如何对计费系统进行升级，从而允许开发人员开展实验。仅几个小时，我们通过标记用于开发的 VPC 中的实例，并编写脚本以便在下班之后以及周末时段自动关闭不需要使用的实例。这后来成为一套相当复杂的标签与自动化库，但付出的努力使得我们能够在扩展过程中持续管理业务环境。我发现很多客户也在采用类似的方法，其越来越多地根据生产环境中的标记采取操作行动，进而逐渐构建起高可用性架构以及"灾难无差异"体系。（感谢耐克公司的 Wilf Russell 提出了这一概念）

参考架构。您打算如何从起步阶段在环境内建立安全与治理机制，同时依靠自动化方法确保其不断演进？如果能够找到可跨越不同应用程序有效的工具和方法，您就能够自动化处理从安装、补丁修复到治理的应用程序管理工作。此外，您可能需要一套覆盖整个组织的参考架构，负责在保证业务部门灵活性的同时为其提供必要的自动化能力支持。或者，您可能需要引入多套参考架构以适应不同层级、不同类别的应用程序。当然，您最终的选择可能居于上述两者之间；但无论如何选择，这种对自动化思路的强调将帮助业务部门更少分神于底层基础设施，而将精力真正集中在能够创造业务价值的应用程序层面。

随着时间的推移，云卓越中心的技能与经验不断提升，这意味着其能够以愈发规范且均衡的方式引导业务运作，既给予其创新的自由空间，又继续保持统一的控制能力。这里需要强调的是，我们还没有涉及其他需要考虑的重要因素，包括定义自动化战略、探索混合架构、提供持续交付能力以帮助业务部门更快地实现"谁构建、谁运行"原则、定义数据治理实践、建立仪表板以及实现指标 /KPI 透明化等对业务极为重要的工作。

AWS 云采用的框架中包含大量规范性指导，能够帮助您思考上述（以及更多）最佳实践。此外，也可以利用 AWS Trusted Advisor 主动探索成本、性能、安全性以及容错性的优化方向。最后但同样重要的是，您可以利用 AWS 良好架构框架将云卓越中心的工作成果与我们立足整个 AWS 客户群体总结出的最佳实践进行比较，从而建立更明确的指导方针。

第27章

让云卓越中心成为通向云端的助推飞轮

最初发布于 2016 年 4 月 25 日：http：//amzn.to/enterprise-cloud-flywheel

"从理论角度讲，理论与实践并没有区别。但从实践角度讲，二者区别很大。"

——Yogi Berra

在介绍云卓越中心的过程中，我曾提到云卓越中心应当成为云转型之旅中各类最佳实践的枢纽。作为云卓越中心系列中的最后一部分，本章将向大家介绍几点利用云卓越中心驱动其他最佳实践的实现思路。

高管支持

如果没有强大的领导层支持，云卓越中心往往很难取得成功。在与高管人士交流如何建立起云卓越中心时，我总会鼓励他们大胆行动。这意味着选定最适合的团队成员，调动职位并保留空缺，同时将相关责任转移至云卓越中心以便在职责上没有空缺。

另一方面，汇报路径同样非常重要。大家当然可以将云卓越中心纳入掌管基础设施的部门，但最重要的是确保该部门的负责人不会对云计算的影响抱持恐惧心态。随着云容量与基于云类解决方案占比的持续提升，云卓越中心将逐步在基础设施团队中占据主导地位。总而言之，要实现这项目标，要求您拥有强大的领导能力、全方位的照顾以及在探索过程中不断将资源引入该团队的主观意愿。

培训员工

云卓越中心应当在云环境层面肩负起培训组织内各个部门的职责，包括帮助组织了解如何使用云资源，同时推广最佳实践、治理以及用于支持业务体系的框架。您所需要的云转型人才就在身边，而云卓越中心应当成为他们最有力的支持者与推动者。因此，请考虑如何引导云卓越中心利用 AWS 培训与认证资源，将其内容以分层形式引入组织内部，并将培训制度以规模化方式扩展至各个部门。

当我在道琼斯公司任职时，我们的 DevOps 团队每年会组织多场面向积极学习者们的"DevOps 日"活动。根据我的了解，业界其他一系列企业也在采取类似的措施：第一资本公司前云工程技术总监 Drew Firment 就曾建立起出色的云卓越中心教育计划，旨在将云专业知识普及到第一资本的各个角落。感兴趣的朋友可以参阅他的博文以了解更多。

实验

云卓越中心还负责提供指导和保护，能够在引导组织内各个部门在受控范围内进行实验的同时，增强组织的整体安全态势。通过为各类常见应用程序模式建立参考架构，同时开发一套或者多套集成平台，云卓越中心能够帮助各相互依赖的业务部门以统一且合规的方式进行实验，从而在组织内部建立起"谁构建、谁运行"——快速失败、持续学习这一良性循环，从而以远超以往的速度创造商业价值。

合作伙伴

如前所述，合作伙伴能够加速您的云发展战略，而云卓越中心则可加速合作伙伴的发展战略。大家可以利用云卓越中心紧跟合作伙伴生态系统的演进步伐，评估新工具，同时通过各项最佳实践将云工具与咨询指导意见整合至复杂的企业环境中。云卓越中心还应推动您与组织内法务、采购、安全以及其他业务利益相关者的讨论，帮助他们了解您采用云的方法，并确保合作伙伴以适合您的需求的方式提供业务助力。一部分组织会选择引入工具的特定模板，同时为各个业务部门提供充分的工具选择空间；也有一部分组织倾向于推动统一的工具选择标准。无论具体倾向如何，都应依靠云卓越中心的强大力量推动这种方法和模板，并在组织之内全面贯彻。

混合

云计算绝不是那种全有或全无的价值主张，因此任何一家拥有长期 IT 运行经验的企业都必然会在转型周期之内经历一段混合架构时光。云卓越中心应当支持这种混合战略，同时开发出标准与参考架构，用以帮助您的云与内部应用程序彼此协同并随时间推移进行逐步迁移。

在道琼斯公司任职期间，当我们开发出一款原生云应用程序，用于对运行在内部环境中的身份管理系统进行调用时，我们就领悟了混合的意义。我们的 DevOps 团队投入几个小时研究 Amazon 虚拟私有云（VPC），摸索如何将我们需要的安全组机制与内部防火墙进行映射，而后建立起一套能够确保云应用程序与内部资产顺利对接的安全混合架构。没错，整个过程在数小时内即可完成，之后我们立即将其作为可在类似场景中反复使用的自动化参考架构。

云优先

有时候，云卓越中心会向一部分（最终会是所有）业务部门提出证明，引导他们将思维方式转向云优先：从"为何要利用云"转化为"为何不能利用云"。通过充分利用自动化方案并为遗留应用程序及合规性机制提供参考架构，组织内的业务部门将一步步主动与云卓越中心开展合作，而不再抱持被动或被强迫的心态。这种新常态与大多数组织内的典型基础设施与应用程序团队的互动机制有所区别，它的出现证明您自上而下推动的云优先战略已经初步建立起来并得到认同。

第28章

是否考虑在企业中引入DevOps？

最初发布于 2015 年 7 月 31 日：http：//amzn.to/enterprise-devops

"开发是一种需要持续改进的耐力训练。"

——Sri Mulyani Indrawati

在撰写云卓越中心系列文章（第 24 ～ 27 章）之前，我还发表过一系列与企业 DevOps 相关的文章，而且其中存在不少与云卓越中心模式类似的观点。

虽然我认为其核心概念已经存在了很长时间，但 DevOps 本身是个相对较新的术语。在这方面，DevOps 已经被广泛视为一种组织层面的文化形式，旨在对原本孤立的团队加以融合，从而协同产生更快、更频繁且更可靠的结果。

我有幸在 DevOps 文化进入主流视野之前就投身于其中。在 2001 年担任彭博开发人员时，公司已经以拥有着良好的迭代开发周期以及负责支持系统持续运营的强大开发团队，从而能够快速将产品推向市场而著称。人们需要适应在凌晨四点爬起来对系统进行故障排查（伦敦交易所此时已经开盘）。我发现，正是这些深夜加班的经历，造就了我们全面实现系统改进的能力。

DevOps 对于初创企业而言往往直观且效果显著，因为较小的公司由于转型难度更低而更容易被这种理念所吸引。不过对于拥有大量技术负债、整体式架构且一直强调规避风险的大型组织而言，这种根本性的文化转变则令人畏惧。

好消息是，这种转变并不可怕。我鼓励那些希望转向 DevOps 文化的企业先从小项目开始，在过程中逐步实现迭代、学习与提升。我鼓励大家在组织内部建立员工们普遍接受的实践策略，同时慢慢引入自动化、持续性运营思路，并将权力与信任分散到各个团队中，允许他们针对自身业务目标进行自治与决策。

在道琼斯公司担任 CIO 时，我们建立起一个小型 DevOps 实践团队——4～5 位成员足以开展几个起步项目。不过，我们的目标不只是建立新的团队，同时还要以此为契机转变企业文化。通过设立并实施框架、最佳实践以及治理方案，同时尽可能推广自动化方案，DevOps 成为我们推动产品创新与开发加速的核心杠杆之一。我们从小项目起步，通过结果展示进展，并利用相同的模式执行越来越多其他项目。在此过程中，我们自然也能发布更多新功能，并不断缩短产品的上市时间。曾经经常出错令开发人员头痛的周二与周四功能发布之夜，已经逐步转变为每周持续推出数十项变更与功能升级。

对于正在考虑 DevOps 文化，以求摆脱技术债务问题的朋友，请考虑以下 3 项起步原则。

（1）**在整个组织中以客户服务为导向。**当下企业应该将组织内部的利益相关者视为客户。这些客户可能是营销同事、产品经理或者开发人员。每个人或团队都需要利用技术完成自身的工作。而且以此为核心目标的团队，不会让客户迷茫地从影子 IT 那里去寻找其他解决方案，而是帮助客户获取更快、更好或者更便宜的工作成效，并成为更加满意的利益相关者。如果不能提供优异的服务，将致使客户绕开你不与你通力合作。

（2）**以自动化方式处理一切。**人们普遍认为，要充分利用云计算的优势，大家必须有能力通过代码以可靠方式实现系统重建。在自动规模伸缩（弹性）方面更是如此。自动化还允许组织更积极地实现变更：如果犯了错误，将能够借此快速回滚并可靠地重现原有稳定状态。自动化的其他优势包括提升效率、安全性与可审计性等。（关于更多细节信息，请参阅自动化相关章节。）

（3）**"谁构建、谁运行"**。我看到，这通常令传统 IT 部门焦虑。在传统 IT 模式中，应用程序或服务的运营往往由那些没有参与资产创建的员工负责。这样做的原因多种多样（例如降低资源成本、集中专业知识等），但我认为这些原因正在逐渐消失。云技术如今能够处理大量与 IT 运营相关的繁重工作，其中相当一部分操作可以通过软件实现自动化。开发人员更熟悉软件本身，因此其天然更适合承担与特定任务相关的运营责任，而这正是 DevOps 的来源。由于开发人员更熟悉系统中存在的一切细微差异，因此他们往往能够更好、更快地解决问题。在自动化机制的帮助下，他们还能够快速分发变更，并抢在客户真正受到影响之前进行状态回滚或问题处理。我鼓励中央 DevOps 团队尽可能强化各开发团队的独立属性，而不应让自身成为新的发布运营流程中的关键路径的节点所在。

对于那些有意试水 DevOps 的企业而言，现在正是投身于其中的最佳时机。从小处着手，通过增量式改进提升满意度与信心。文化变革不可能一夜完成，需要逐步在现有技术组合中应用这些概念，并对新旧一切工作方式进行改进。随着经验的逐步积累，您可以逐渐加码，加快提供自动化程度，获得更理想的结果。

下一章将具体探讨何为以客户服务为中心的 IT 组织。

第29章

将客户服务视为企业DevOps关键的两大原因

最初发布于 2015 年 8 月 11 日：http：//amzn.to/customer-service-devops

"您的客户不在乎你知道多少，而在乎你的态度。"

——Damon Richards

正如我在 DevOps 系列文章（第 28 章）中提到的，客户服务是我鼓励各类组织在实施 DevOps 文化时优先考量的三项原则之一。

如今的世界充斥着各类技术解决方案。无论大家拥有怎样的实际需求，都存在无数号称能够加以解决的技术选项。对于我们这些技术解决方案供应商，除了提供优质产品之外，还必须有能力提供卓越的客户服务。客户服务的水平越高，客户的忠诚度也就越强——意味着他们从竞争对手寻求帮助的可能性就低。

从传统意义上讲，客户是指那些购买我们的产品与服务的群体，这里则是指 Amazon.com 上的买家或者使用 AWS 服务的其他企业。

在企业 IT 内，大家的客户则通常是您的同事。内部利益相关者可以是组织之内依赖各种技术处理日常工作的任何员工。他们有时来自业务部门（包括营销与销售等），有时也可能是其他技术团队。

那么，到底是谁在消费 DevOps 部门的产品与服务？答案虽然多种多样，但一般来讲，他们是应用程序开发人员及其他企业技术团队，因为大部分中央 DevOps 团队都会以加快产品开发作为核心动力。与各个独立部门密切合作并善于倾听其意见的中央 DevOps 组织，比只是闭门关注遇到的技术挑战的团队，能够更好地预测客户需求并提供更好的客户服务。

之所以有必要将客户服务作为组织的关注重点，至少基于以下两个理由。

1. 以客户服务为中心理念改善 IT 形象

20 年前，企业技术需求完全由 IT 部门负责提供。这主要是因为当时人们普遍认为技术非常复杂，需要大量专业知识才能实现。与 DevOps 文化不同，当时的组织更倾向于将 IT 事务集中到少数了解如何采购及部署的技术人员手中。这使得 IT 服务的客户——组织内的其他部门——对于如何满足自身 IT 需求几乎没有任何选择权和发言权。

但在当下，能够解决客户问题的产品及解决方案数不胜数。技术的消费化程度正持续提高，人们以远超以往的频率使用计算机、智能手机、网站以及各类应用程序，同时也拥有更多能够在家中以及工作场所内处理日常任务的选项。这一趋势，使得技术领导者必须改变客户服务的实现方式，包括在组织之内的变化趋势。

实践经验证明，当人们找到一种更简单的任务执行方法时，他们往往会不假思索地加以使用。如果他们无法从 IT 部门处获取自己需要的服务，则会寄希望于其他来源。新闻编辑们可能下载各类编辑软件，用来补充 IT 部门无法及时提供的功能。人力资源部门可能会在内部日历管理环境之外建立起日程规划环境，营销组织也可能利用第三方服务重建品牌网站。这就是影子 IT 的来源，它们将导致大型 IT 环境的管理与保护难度飙升。然而，从本质角度来讲，影子 IT 实际上源自内部利益相关者不满意现有方案，或者不清楚如何从 IT 部门处获取真正符合自身需求的方案。

以客户服务为中心的集中式 DevOps 组织有机会避免这类情况的持续恶化。以客户需求为出发点，意味着我们能够从起步阶段即充分考量客户情况，同时审视能够满足这些需求的解决方案应如何适应企业的整体条件。相较于以往"你们不能以这种方式处理工作"的粗暴拒绝,如今 DevOps 组织应当询问"您打算实现怎样的效果,我们又该如何提供帮助?"每当发现应用开发团队采用了 DevOps 团队无法提供的解决方案,组织都应持续跟进,了解这一切为何发生又是如何发生的,同时思考是否需要做出改进。这里需要提醒大家,大多数情况下,您给出的答案也许是"不"。某些解决方案确实不错,但我仍建议您进行慎重考虑。更具体地讲,这些努力将帮助 IT 部门成为使能者而不是阻力点。这种协作方式能够鼓励客户与你的部门主动合作,而不是绕开你。

2. 以客户服务为中心将助力您的职业生涯

在 DevOps 模式中,应用程序团队负责运行其构建的内容,并与客户服务部门携手并进。我有幸在任职过的各家企业中以承担责任作为关键绩效指标——彭博一直将其作为核心价值之一,这也是道琼斯 IT 的标准,而亚马逊则将其视为一项领导力准则。

承担责任的含义,在于任何对产品或服务负有责任的个人都应将该产品或服务视为自己的业务。产品与服务可能表现为多种形式,具体包括网站、移动应用、企业内的电子邮件服务、桌面支持、安全工具、内容管理系统(CMS)或者任何其他交付给客户的方案。

承担责任机制之所以能够成就更好的客户服务,是因为其将责任与声誉同产品监督者直接关联起来。这反过来就使相关员工有动力倾听他人意见、了解客户拥有的替代性方案,并持续深入关注产品的实际表现。产品负责人不能在发生问题时简单"甩锅"——他们有责任检查并解决问题,同时在必要时申请协助。

这一切对个人的职业生涯都极具助益:任何勇于承担责任、乐于拥有产品并推动产品改进的个人,都将凭借着健康的客户关系在企业之内获得可靠的声誉与同事的信任。

以上只是客户服务在大型复杂企业考量推广 DevOps 文化时发挥重要作用的两点原因。相关原因显然不止于此,我期待听到大家的心得与体会。

第30章

企业DevOps：为什么要"谁构建、谁运行"

最初发布于 2015 年 8 月 31 日：http：//amzn.to/run-what-you-build

"谁构建，谁运行。"

——Werner Vogels

　　相信很多运营人员都非常熟悉这样的场景：您难得有时间陪陪家人，但手机却突然响个不停。可怕的铃声提醒您出现了一级严重故障。此前靠定期重启以解决内存泄漏问题的应用，在刚刚重启上线几分钟后就耗尽了服务器资源。应用程序已经无法正常使用。运营团队除了对其进行重启或回滚别无他法，而可怕的是上一份稳定状态副本保存于几个月前。谁知道自那以后，系统到底发生了怎样的变化。您需要亲自解决问题，但您却与计算机和办公室离着数公里之远。

　　这样的状况在传统企业 IT 模式中屡见不鲜，其中开发与运营团队却被隔在一面墙的两面。但事情本不必如此。DevOps 不仅适用于初创企业，同时也能够为大型企业提供助力。与自动化与客户服务类似，"谁构建、谁运行"原则足以通过 DevOps 模式实现，并给企业 IT 的效率带来巨大改进。

　　在传统环境中，开发人员负责构建并设计解决方案，而后将其交给运营团队。有时候开发者会提供一些关于在生产环境中运行的指导性意见，但有时候他们对生产环境几乎没有任何认知。这种开发与运营团队彼此隔离的状况导致双方很难掌握对方的运作方式以及需要哪些信息。运营团队通常利用运营手册、标准操作程序（SOP）或者其他一些机制来解决管理生产环境中遇到的问题。这些确实能够非常有效地快速修复问题，但如果无法发现并处理根本原因，运营体系终将陷入治标不治本的恶性循环中。这有些像试图用口香糖来堵住正在漏水的船——沉没不过是早晚的事。

DevOps 带来更好的处理方式……

　　云计算的出现帮助我们拆掉这堵墙，因为在它的帮助下，基础设施能够以软件形式运行。API 驱动功能允许大家将基础设施视为代码，而代码无疑是开发人员最熟悉的事物。现在，每个人都更加接近基础设施，而运营的任务也将自然地分散在各位团队成员肩上。

　　与此同时，软件在越来越多地以"即服务"形式交付，客户也理所当然地要求开发者对其进行持续改进。客户能够容忍偶尔出现的错误，但前提是这些错误能够快速得到解决，且不再继续出现。为了满足这些需求层面的变化，大家需要倾听客户在沟通中提供的模糊线索与洞察。与您一样，他们也有很多其他工作要忙，所以请谅解他们在进行反馈时往往会以抱怨为主。事实上，任何与客户的互动都代表着一次学习机会，但你最好能控制局面。当开发与运营团队之间被墙相互隔离时，我们很难获得此类洞察。运营团队的快速修复会隐藏问题的根源，开发者们也将以为有安全网的保护而放松要求、降低水平。

　　所有这一切，驱动着我们摆脱传统 IT 模式以迎接新的 DevOps 文化。通过这种方式，开发与运营将融为一体，共同关注相同的目标。我一直鼓励企业高管在 DevOps 驱动型组织内推广"谁构建、谁运行"原则。下面将具体分析这一举措为组织带来的行为和助益：

- **面向生产环境进行设计**。"谁构建、谁运行"原则要求开发团队进一步思考其软件在生产环境中的运行情况。如此一来，团队将在设计阶段即充分考虑生产环境特性，从而避免上线时才针对该环境进行匆忙的调整。事实上，我在职业生涯中无数次见到这种忙中出错的状况降低了应用的质量：在部署时试图为了解决生产与开发环境间差异带来的问题而临时做出修改，运行您认为相关的测试，却最终发现这些变动在系统的其他位置引发了新的错误。

- **更强的员工自主权**。"谁构建、谁运行"原则将带动所有权与问责制的实现。根据我的经验，这将强化员工的独立性与负责的态度，甚至能够为其职业发展带来助益。

- **更高的透明度**。我们都不希望在休息时段中受到打扰。无论是谁在接听电话，他们都会出于本能地撇清自己与问题间的关系。您的团队也当然希望提升环境与主动监控机制的透明度，从而在问题扩散之前发现其中的根源或模式。这样的良好透明度将在问题发生之前有所预防，发生之后将显著降低查找根本原因与问题解决办法的难度。

- **更高自动化水平**。开发人员讨厌重复性的手动操作。因此在发现生产过程中存在一些需要反复处理的任务时，他们往往会追溯其根源，并尽可能以自动化方式将其解决。

- **提高运营质量**。透明度与自动化水平提升将强化团队工作效率，并持续提高卓越运营的水平。

- **提高客户满意度**。"谁构建、谁运行"原则要求 IT 团队更多地了解客户。这些客户信息不再局限于被产品或销售团队掌握，且相关见解将在产品开发过程中建立积极的反馈循环，从而通过持续改进提升客户满意度。

相信大家在实际工作中也发现了其他助益。在您的企业中看到了什么？请不吝与我们分享。

第31章

企业DevOps：在DevOps的推进过程中，应抱有哪些期待？

最初发布于 2015 年 9 月 11 日：http：//amzn.to/what-to-expect-when-youre-devops-ing

"经验不是创造出来的，而是体验出来的。"

——Albert Camus

我在企业 DevOps 系列文章中汇总了一系列指导性经验，告诉大家您的企业在开始 DevOps 的旅程后可能遇到些什么经历。这些结论主要来自我的亲身体验，以及对众多企业在追寻自动化、面向客户服务型 IT 以及"谁构建、谁运行"原则方面的观察。

通过逐步实践培养 DevOps 理念

与大多数值得做的事情一样，DevOps 文化的建立也需要大量的时间投入。我建议任何有意踏上这一旅程的企业，秉持小心谨慎的态度从小处做起。在推动组织变革的过程中，大家要衡量其对各团队及个人造成的影响，接纳其中的有效内容，并以积极的心态看待过程中的挫折。只有这样，您的组织才能平衡而可持续地实现文化改进。在整个过程中，最具挑战性的部分无疑在于起步之时。随着您对 DevOps 文化熟悉程度的提升，在企业中遇到的独特挑战的症结将更加明显，用于应对它们的解决方案将快速增加。

在道琼斯公司任职时，我们最初的 DevOps 团队仅拥有 4 位成员。此后，我们每个月从其他 IT 部门向 DevOps 团队调入一或两位新成员。通过这种方式，我们得以建立起一系列经验与最佳实践，而 DevOps 项目的数量也始终与其相适应。我不建议比此更快速地成长。缓慢但受控的增长过程使得我们有能力为利益相关者——包括团队自身——对工作推进的速度设定具备可行性的期望。此外，也可以保证您使用的资源与整体业务的收益成比例，这有助于就资源分配问题避开不必要的政治纠缠。

在大约 18 个月的转型之旅之后，我们认为已经建立起充足的最佳实践、自动化与治理模型储备，因此开始以充分的信心将大部分基础设施资源移交至 DevOps 团队。这项变革的目标，在于利用 DevOps 团队逐步积累起的经验帮助员工由传统职能角色转换为 DevOps 形式。这同样以渐进方式实现，人们不会一夜之间面对完全不同的工作方式——但可以肯定的是，他们确实开始逐步适应新的全方位的系统管理方式。

以开放的心态看待 DevOps 的实施方式与方向

很明显，并不存在百试百灵的 DevOps 经验积累办法。每个组织都有着独一无二的现状与需求，而且并非一切原有制度都需要加以改变。因此，大家需要衡量哪些有效、哪些无效。作为起点，您可以找到某种方法，将 DevOps 理念和 DevOps 团队与业务收益（可以来自 IT 组织内的任何部分）联系起来。业务经常强调 DevOps 与创新文化对于产品开发的重要意义，但在我看来，它同样能够在后台、最终用户计算以及其他 IT 层面带来收益。以开放的心态看待 DevOps 适用的项目范围，将使您能够专注于培养 DevOps 团队，同时探索出最适合自身实际的发展方式。

下面一起来看看组织在建立起成熟 DevOps 文化后获得的回报：

持续发布。 上一章谈到了 DevOps 文化有助于以更高频率发布更多小型变更。由此带来的收益包括提升业务效率，提升资源与业务需求间的一致性，同时支持更卓越的运营能力。这一切也都将为您的客户（无论内部还是外部）带来更好的使用体验。另外，您需要管理业务相关者的预期，确保其思路不可离题太远。需要强调的是，利益相关者可能会将不断变化的产品或环境视为风险因素。在这方面，我们需要通过时间与成熟度等指标，向其证明整个运营体系的变化皆在掌控中。我们需要与利益相关者建立起信任关系，而对新事物的信任当然需要时间。总而言之，我们的目标在于引导组织整体走向变革的彼岸，而非抛弃伙伴一人前行。

全球分布式应用。 在我的 IT 职业生涯中，观测跨越全球不同时区的应用程序随需求变化进行规模伸缩，永远是最激动人心的体验。在 DevOps 团队学会了如何跨越不同区域对资源集合进行自动化管理之后，将应用程序分发至全球范围也就成了顺理成章的选择。缩小服务与客户间的距离能够显著降低延迟、提升系统运行效率、降低成本并增强客户满意度。随着大家对 DevOps 理念运用能力的增强，在全球范围内分发应用程序也会变得更加轻松。

数据中心迁移。 IT 部门的一切行动都应以业务需求为驱动因素。事实上，很多 IT 主管在决定将某种 IT 方案引入商业案例时，其职能角色就不再只是技术负责人——而更像是管控 IT 的业务主管。凭借强大的自动化与应用全球分发能力，您将能够建立有说服力的的商业案例，将部分或全部数据中心迁移至云端。在过去一年中，这类案例正在快速增加。

在道琼斯公司运营 DevOps 团队的几个月之后，我也迎来了这样的历史性时刻。我们在香港租用的一座数据中心面临租约到期，因此需要在短短数月内将其关闭。很明显，我们需要快速找到其他平台来托管我们的基础设施。当时，我感到我们的 DevOps 实践与云专业知识已经足够丰富，此时如果还要被自有数据中心再次束缚住手脚，那将是我们的耻辱。

在克服了一系列初期阻力之后，DevOps 团队找到了可以排除各种阻碍性因素的方法。以此为基础，我们仅用了六周就完成了面向 AWS 的完整数据中心迁移。虽然如今整个部署体系与我们当初完成的结果已经完全不同，但我仍然将这项工作视为对专业知识与预期管理能力的重要证明。如果没有此前积累的丰富经验，整个迁移工作根本不可能顺利实现。

最佳实践六：
实施混合型架构

第32章

在云环境中使用混合架构的3个认知误区

最初发布于 2015 年 3 月 9 日: http: //amzn.to/3-myths-hybrid-cloud

"生活中最艰难的问题，就是学会判断该跨过哪座桥梁，又该烧掉哪座桥梁。"

——David Russell

我个人的混合架构探索之旅，源自当初以 CIO 的身份尝试如何在云服务基础之上交付多种业务解决方案。多年以来，我有幸与数十家来自大型企业的 CIO 与 CTO 进行交流，而他们的观点也帮助我进一步巩固了自己的看法。与此同时，我也读到很多讨论混合架构的文章与博客，并意识到目前整个行业对于云混合架构还没有形成统一的理解。

企业采用云技术的原因多种多样。有些企业是为了提升敏捷性，有些则是为了降低成本或者实现全球化。但根据我的经验，大部分 CIO 其实是为了借此获得将宝贵资源从无关紧要的业务集中到关键业务的能力。换言之，就是从重复繁杂的基础设施管理工作，转移到公司品牌形象直接相关的产品与服务。

也就是说，大多数企业 IT 部门已经建立起运营所需要的基础设施与治理体系。与我沟通过的 CIO 都有意尽快采用云基础设施进行迁移，同时也意识到具有实际意义的云采用是一段艰难且需要投入相当时间的旅程。在此过程中，企业需要找到新的方式以保持系统运行并充分利用原有的投资。在关于企业云转型之旅的文章中，我谈到企业如何利用 AWS 虚拟私有云（VPC）与网络直连（Direct Connect）通过 AWS 创建混合架构，从而对本地基础设施进行扩展。这样的混合架构对我而言意义非凡，目前不少企业采取类似的方式以最大程度地提升云采用收益。

除此之外，混合架构本身实际上也相当复杂。在这方面，我整理出 3 个认知误区。虽然这些说法看似有理，但深究起来却经不起推敲——

误区一：混合架构就是最终的目的。在这里，"最终"的说法太过夸张。事实上，拥有重要遗留系统的大型企业确实需要长期运行混合云架构，甚至其周期会以年计算。每个组织的云旅程都会有所不同，且其各自都会以适合自身情况的速度推进。但我真的很难相信，未来还会有那么多企业继续运营自己的数据中心。这种全面转变可能至少要到 3 年之后才会显现，但绝不会长于 15 年。在这方面，至少有以下 4 项因素在持续推动这一转变：

（1）云服务供应商的规模经济效应正在随着云被广泛采用而不断加强。无论如何，这都将给云消费者带来真实可见的效益。

（2）云技术的创新步伐可谓前所未有。AWS 于 2014 年发布了 516 项新服务与功能，2015 年发布了 722 项，2016 年则发布了 1017 项。（译者注：2017 年发布了 1430 项，2018 年发布了 1957 项。）

（3）企业经营所依赖的技术（电子邮件、生产力、人力资源、客户关系管理等）方案越来越多地构建于云环境之上。

（4）用于帮助企业迁移至云端的技术与业务正迅速增长。若需了解相关信息，请查看 AWS Marketplace 与 AWS 合作伙伴网络。

误区二：混合架构允许在内部基础设施与云环境间无缝移动应用程序。从表面看，这似乎很有吸引力，但这种说法中存在着一大根本性缺陷。其假设云环境与本地的基础设施在功能特性上具有相同的能力。确实，很多企业拥有强大的内部基础设施管理能力，但其数据中心仍然无法在众多方面与云计算相匹敌：真正的弹性、安全水平、按需使用与按使用量付费，再加上持续不断的创新发布等。如果在设计应用程序架构时要求其在本地数据中心与云端能无缝跨越，那么您对云优势的利用能力也将受到严重影响。

误区三：混合架构允许您跨越多家云服务供应商对应用程序进行无缝化代理。

我认为这个问题涉及一些值得讨论的细节。目前，各类企业正使用不同的云解决方案满足自身的业务需求，而其中往往包含基础设施服务以及运行在内部数据中心之外（通常在 AWS 上）的打包解决方案的混合。这是符合逻辑的解决思路，IT 管理者们也确实应该将精力集中在需要解决的问题上，同时根据实际限制条件选择最佳的处理工具。

让我感到恐惧的是很多企业落入了一个陷阱——在试图构建能在多家云服务供应商的云上运行的单一应用程序。我能理解软件工程师们为什么被此吸引——设计并构建起能够将多种云环境黏合对接起来的技术是一种成就。但遗憾的是，这方面的工作也会吃掉上云给生产力水平带来的提升。我一直认为，这将导致组织回到上云前的起点。再次强调，您需要管理的是自己的基础设施，不是管理不同基础设施间的细微差别。与误区二一样，这同样会将云功能限制在共有的最低水平。

当然，我也很清楚，企业可能认为这有助于让供应商保持诚实，即确保自身业务不会被单一云供应商锁定。关于这个问题，一方面我认为云服务供应商一家独大的可能性已经基本消失，整个云计算行业的发展方向相当良性；另一方面，我觉得还有其他更好的方法解决企业客户的这种担忧。利用已知自动化技术构建应用程序的企业能够轻松可靠地重现自己的业务环境。根据最佳实践要求，他们能够充分发挥云环境提供的弹性优势，同时将应用程序从基础设施中解耦出来。如果处理得当，当真有充分理由的时候，企业客户完全能够在不同云服务供应商之间快速进行应用程序迁移。

技术选择往往困难重重，而且不存在完美的最佳答案——创建混合架构同样遵循此理。

第33章

混合云架构的"顿悟"时刻

最初发布于 2016 年 6 月 2 日：http：//amzn.to/hybrid-cloud-moment

每周我都会与众多正在利用云计算改变自身技术实现方式，从而为企业创造价值的高管开展对话。虽然采用云服务的动机各有不同，但我们的对话总是拥有相对统一的主题：云计算能够帮助组织在核心业务身上投入更多资源、加快行动速度并强化安全水平。

这种转变不会在一夜之间完成，而我总是将此称为一段旅程。在此期间，您的企业仍然需要运营现有 IT 资产以保持业务运行。虽然我接触过的大多数企业正在将部分甚至全部 IT 组合迁移至云端，但他们同时也意识到云计算抱持的并不是全有或全无的价值主张。在这样的认知基础上，企业将把内部 IT 与云资产进行对接，进而持续不断地将原有 IT 组合迁移至云端。

上一章探讨了关于混合架构的 3 个认知误区，这些问题时至今日仍然困扰着众多企业高管。如果您仍然有意为组织构建起混合云架构，我建议大家认真了解上一章中关于这些误区的观点。

本章将向大家介绍我担任 CIO 职务时的"顿悟"时刻。当时我和我的团队正在努力为道琼斯公司构建混合云架构。

关于混合架构的"顿悟"时刻

2012 年，我的老板（道琼斯公司当时的 CEO）提出一个假设（我们也将此视为巨大的商机）：如果《华尔街日报》（道琼斯公司的旗舰级 B2C 产品）的订阅者拥有世界上大部分财富，而法克提瓦与道琼斯通讯社（道琼斯公司的 B2B 产品）的订阅者管理着世界上大部分财富，那么为他们提供对接与沟通能力的平台将创造出巨大价值。

我们从零开始，希望快速行动起来。我们建立的小型工程师与设计师团队初步建立起基础概念，即成员在完成工作的过程中拥有选择任何工具方案的自由。六周之后，我们通过逐步引入开源、自动化、AWS 服务和艰苦的努力，成功启动并运行起一款具备高度可用性与灾难抵御能力的应用程序。我们在这一过程中发现的技术能力与业务收益让该项目受到高度关注，这也使得我们这支小团队广受认可，并吸引到更多利益相关者踏上云的征程。

在将这款应用程序整合至更多产品中之后，我们意识到还需要在变革中考虑与内部身份管理系统的对接。其中一部分系统并未（当然也不应该）暴露在互联网上，因此我们运行在 AWS 上通过公共互联网访问的应用程序无法对其进行正常访问。

为了解决这个问题，网络、基础设施与开发团队的工程师们开始投身其中寻找解决方案。经过相关研究，我们发现可以利用 Amazon VPC 在内部 IP 地址空间中创建虚拟网络，从而将应用程序运行在 VPC 之内。

在认真阅读 AWS 说明文档，并决定如何将 AWS 安全组与我们的内部防火墙规则加以整合之后，整个团队立刻行动起来。在 45 分钟之内，他们就创建起 VPC，为运行在公共互联网上的实例保存了快照，将这些实例引入 VPC 并在内部子网中为其分配 IP 地址，将入站流量路由至这些新实例，最后将实例与我们的内部身份系统加以对接——迁移工作就此完成。

我们对整个设置流程的简单便捷感到惊讶，而更重要的是，我们意识到应该充分利用构建于云端的系统对现有遗留技术组合进行强化与扩展。

在接下来的几年中，我们的 DevOps（也可称为云卓越中心）利用在实践中积累到的知识全面实现了 VPC 的自动化创建与治理，并为各个业务部门提供了大量参考架构。利用这一简单但强大的策略，我们得以通过这种混合架构模型构建并增强全部的现有云系统，且无须一次性迁移大量内容。

自那时开始，我接触到越来越多经历过类似"顿悟"时刻的企业高管。一旦大家意识到自己不必废弃全部现有基础设施投资即可充分利用云计算资源，无限的可能性也就此在其视野中展开。

通过这种方式，团队将有时间逐步学习，完成现有投资 / 折旧计划，同时继续享受来自云环境的弹性、敏捷性、安全性与低成本等优势。

您在构建混合架构时是否也有过类似的"顿悟"时刻？我期待着您的精彩故事！

最佳实践七：
建立云优先战略

第34章

云优先是什么样的

最初发布于 2016 年 7 月 5 日：http://amzn.to/what-does-cloud-first-look-like

"在您身边聚集最出色的人才，给他们充分的授权，只要他们按您制定的政策执行，就不要横加干涉。"

——Ronald Reagan

变革绝非易事。组织规模越大，复杂程度越高，对以往行事方式的依赖度越强，变更越困难。然而，变革总会到来，而我认为正是因为变革困难却又不可避免——每年都会有 20～50 家企业掉出财富五百强榜单。

本部分将介绍我从众多勇于利用云资源实现自我重塑的企业身上总结出的七项最佳实践。这些实践能够帮助拥有不同规模及实际情况的企业利用新型技术方案支撑自身业务，进而保持理想的市场竞争力。此外，我也亲眼见证了无数技术高管凭借这些实践成为企业的功臣甚至是英雄，成功将公司资源投入到真正重要的业务工作中——即快速和安全地构建使企业独一无二的产品与服务。

许多希望在组织内加速变革的高管人士都会制定云优先战略，即对组织内的各类技术项目，要进行由"我们为什么要使用云计算？"转变为"我们为什么不使用云计算？"的论证。

建立云优先战略，是本系列文章中的最后一项最佳实践，而我将在本章中与大家探讨几个与云优先战略相关的常见问题。

组织应该如何公布云优先战略？

一部分高管会将这一战略引入各独立业务部门，也有些高管倾向于将其贯彻到组织整体。具体范围通常取决于各个业务部门的经验水平、当前目标以及制约性条件。举例来说，通用电气是一家高度分散的企业，其下辖的各个不同部门基本上以独立事业部的形式各自运营，而某些事业部的云旅程进度要远远领先于其他部门。其中 GE 石油与天然气公司的云优先运营模式拥有良好的表现，其他业务部门则紧随其后。另一方面，第一资本则是一家着力在整体范围内推动云计算普及的企业。

由谁管理云优先战略？

在推动组织整体进行云转型时，云优先战略会对中央 IT/ 技术组织之外的众多部门产生影响。更具体地讲，采购、法务、财务、业务拓展与产品功能等部门都是实现云优先战略中不可或缺的参与者。事实上，随着更多部门意识到如何让云技术供应商为其提供助力，并了解到组织利用云资源的真正目标——即将主要精力集中在能够真正创造商业价值的工作上，他们将在推动组织整体实现云优先方面发挥更为积极的作用。

在道琼斯公司担任 CIO 时，我和我的团队在实施云优先战略时的第一项任务，就是与财务部门共同建立起沟通渠道，共同讨论与硬件相关的一切资本支出申请。对于任何认为需要购置新硬件的部门，在其要求得到批准之前，必须解释他们为什么不能利用云功能的优势快速实现他们的需求。事实证明，这样人们很快就能够理解我们对此有多认真。随着时间的推移，我们的法务、采购及产品团队也开始参与到类似的讨论中来。

应在何时公布组织全面转向云优先战略?

在 2015 年 9 月刚刚开始撰写本系列最佳实践文章时，我曾把云优先战略
的全面普及节点设定在组织拥有丰富云技术应用经验时。这也是我本人在道
琼斯公司任职时总结出的观点。在此之后，我接触到数百名企业客户。他们
虽然在云转型之旅中处于不同的阶段，但很多组织都倾向于在积累到一定经
验时（甚或还没有太多经验时），就提前启动全面云优先战略。

很多高管认为，他们的商业案例有如此明显的价值，即使还没有多年用
云的经验积累，也需要开始执行云优先战略。我接触过的一家财富百强（指
Fortune 100）企业就表示，他们的开发人员在接受过全面的培训与工作指导
后，已经迅速凭借 AWS 环境将工作效率提升了 50% 甚至更高。该公司拥有
2000 多名开发人员，这意味着由此每年带来的 1000 人的额外开发能力。很
明显，他们没有理由浪费这份由云迁移与云优先带来的馈赠。也正因为如此，
他们决定提前启动自己的云优先战略。

明智管理

跟我有过合作经历的朋友都知道，一般来说，我这个人不太主张以自上
而下的方式推动政策执行。然而，如果加以精心规划，我意识到自上而下确
实是种由领导者创造行为准则变更、加快变革并帮助每位企业成员了解组织
内优先级标准的有效方式。在明智的管理支持之下，组织内将建立起全面的
沟通计划，帮助各个部门了解政策内容、其背后的基本原理以及如何影响对
应业务的未来走向。在我看来，沟通能力也正是令优秀领导者走向伟大的重
要特性之一。

第三部分

其他声音与观点

正如前文所提到的，我曾经与数百名技术主管与 AWS 合作伙伴进行过交流，了解云计算如何影响他们的业务体系。在本部分内容中，我收录了一系列来自大规模云转型期间文化变革重要作用的真实案例。这些权威的第一手故事的主人公包括众多在商业与技术领域极具前瞻性的卓越高管人士，包括 Cox Automotive 公司 CTO Bryan Landerman、第一资本零售与直接银行平台工程副总裁 Terren Peterson、SGN CTO Paul Hannan、Friedkin Group CIO 兼副总裁 Natty Gur 以及纽约公共图书馆的 Jay Haque 等。

除此之外，我还邀请到 AWS 团队中的几位主要成员——包括 Jonathan Allen、Phil Potloff、Ilya Epshteyn、Joe Chung、Thomas Blood、Miriam McLemore 以及 Mark Schwartz——将他们的观点与经验丰富充实进来。我有幸能够与这些卓越的人才合作，他们凭借着自己的杰出能力为世界各地众多最大、最知名的组织带来了影响深远的云技术变革。

如果一直在关注 AWS Enterprise Collection①，也许您已了解下述的文章相关的主题与战略性评述。本书中的内容以抛砖引玉的方式为您带来一些新鲜的资讯与启发性素材。

最后，在将这些思想领袖的观点汇总起来的同时，我们也将允许他们各自持有不同的态度与立场。很明显，将他们的真知灼见硬性塞进同一章节既会引发混乱与冲突，也是对其睿智思维的不敬。这里将以模块化的方式将其分别列出，希望能帮助大家充分了解每一位贡献者的见解与智慧，进而将他们传授的知识应用于您的实际转型工作中。

展望未来，我也期待听到来自更多读者朋友的声音。如果您的亲身经历——无论是好是坏——具有启发性，请与我联系，我将尽可能把这些素材整理为更多后续文章。您的贡献，将成为更多转型探索者们的指路明灯！

---

① AWS 企业战略博客：http://aws.amazon.com/blogs/enterprise-strategy/ ——译者注

第35章

第一资本的分步云迁移之旅

第一资本公司零售与直接银行平台工程副总裁 Terren Peterson
最初发布于 2017 年 4 月 5 日：http: //amzn.to/capital-one-cloud-journey

> **"拒绝采用新的方法，等同于选择新的恶果；时间是最伟大的创新者。"**
>
> ——Francis Bacon

过去几年当中，我有幸与众多在组织中领导大规模文化变革的作为思想领袖的高层管理者进行交流[1]。而在这方面，第一资本（Capital One）无疑表现出卓越的能力。其不仅凭借着文化转型成就了伟大的技术领导者，同时也培养出一大批能够真正推动数字银行业务走向未来的创造者与创新者。今天，我们荣幸地请到第一资本公司的 Terren Peterson，他在如何成功引领大规模云迁移方面向我传授了很多先进经验。

在 Stephen 邀请我阐述自己的云转型之旅时，我认为自己只是这场团队努力的一个代表——正是由于第一资本公司数千工程师立足自身职能角色做出的卓越贡献，这场 AWS 迁移运动才得以走向成功。

回顾过去几年的转型旅程，我所使用的方法论与 Stephen 在早期博文中

---

① http: //amzn.to/culture-eats-strategy-for-breakfast.

提到的采用阶段如出一辙。这是一套良好的结构，能够有效追踪进展过程中的各项里程碑。

这里介绍一点背景信息：第一资本是全美最大的银行之一，为消费者及企业提供信用卡、支票与储蓄账户、汽车贷款、积分奖励与网上银行等服务。2016 年，我们在 InformationWeek Elite 100 榜单中成为排名第一的全国最具创新力的商业技术用户 [1]。

我们正在使用或实验几乎所有 AWS 服务，积极在 AWS re：Invent 大会上分享自己的学习经验，并通过 Cloud Custodian 等众多开源项目发布我们的自主工具 [2]。

第一阶段——项目

早在 2013—2014 年，我们就开始了公有云转型之旅的"实验阶段"。我们在创新实验室 [3] 中对 AWS 服务的技术及运营模式进行了全面测试。

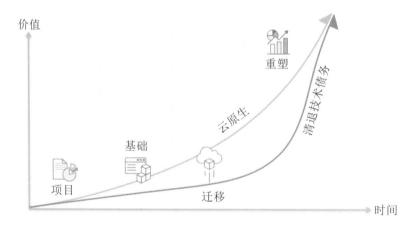

在初始阶段，只有少数员工接触过云技术，这最大限度地降低了对组织内广泛成员的教育需求，我们主要从对云技术抱有强烈好奇心的软件工程师

---

① 　http://www.informationweek.com/2016-informationweek-elite-100-winners/d/d-id/1325060.

② 　https://github.com/capitalone/cloud-custodian.

③ 　http://www.capitalonelabs.com/.

中选拔为骨干，其中一部分甚至在此之前就对 AWS 拥有相当深入的了解。

我们的创新实验室是个很好的起点，因为其专注于新应用程序的开发工作，且建立有众多小规模学习环境用于新产品及服务工具的验证。在这个小的实验温床中，我们得以测试多种不同的安全工具，并探索公有云流程与方法同我们的内部私有云环境存在哪些差异。

在实验室成功试水之后，我们得出结论：公有云拥有出色的安全模型、能够以动态方式配置基础设施，可以在高峰时段以弹性方式提供丰富资源，且具备高可用性，并能快速持续创新。总而言之，我们建议继续使用公有云。

第二阶段——基础

进入 2015 年，我们在 AWS 设施中添置了开发与测试环境，并启动了第一套生产部署方案。这是前进的重要一步，对技术人员的专业知识水平也提出了更高的要求——以此为基础，我们开始考量如何扩展自身专业知识。

我们开始投入，开始使用 Direct Connect 等服务时，将自有虚拟网络扩展至 AWS 数据中心。我们需要尽可能对访问权限管理工具进行整合，从而确保内部环境与 AWS 美国区域之间实现无缝对接。这项举措减少了应用程序交付过程中存在的摩擦因素，同时亦建立起一切新型应用程序向云优先基础设施方法过渡的参考性流程。

第一资本云迁移之旅中的基本要素

在此期间，我们与 AWS 内部的多个团队密切合作，共同建立起各类云工程模式，其中包括专业服务团队、技术客户经理、解决方案架构师以及 AWS 产品团队等。

随着转型工作的推进，我们对具备云技术相关经验的员工的需求也在不断扩大。此时，我们意识到需要建立云卓越中心团队。该团队的责任在于获取内部团队在项目中总结出的最佳实践与学习经验，同时将相关知识整理为教育课程——具体包括建立用于衡量员工培训成效的指标与目标，同时追踪有多少员工利用 AWS 官方认证计划获得了一定程度的专业知识积累。

第三阶段——迁移

在 2015 年的 re: Invent 大会上，我们分享了自身如何利用 AWS 功能对数据中心数量进行削减的经验。目前，我们的数据中心已经由 2014 年的 8 座减少为 2018 年的 3 座。这一目标一直驱动着我们思考如何利用云计算简化自身基础设施，同时为核心业务节约了更多资金。

完成如此规模的转型任务需要投入大量努力，而我们的云卓越中心则为此培养并源源不断地输送人才。这时我们已经拥有数千接受过相关培训的工程师，外加数百获得了 AWS 资源的认证架构师及开发人员。

作为应用程序迁移工作的重要组成部分，我们与 AWS 及其合作伙伴保持合作，共同建立起大规模迁移流程与模式。我们积极利用 AWS 提出的迁移模式将应用程序分类为"6 个 R"（详见第 6 章）。其中包括"重新托管"，即仅需要对应用程序进行细微变更（基本可以进行直接迁移）；"平台更新"与"重构"则要求投入更多资源。这项工作的主要驱动因素包括在迁移中对内核及 JVM 进行更新，或者以原生方式将 Amazon SQS 或 Amazon RDS 等引入应用程序中。

第四阶段——优化

随着 AWS 设施使用规模的不断提升，我们也在努力寻求新的成本优化和加快实施速度的方法——例如以自动化方式执行重复部署活动。我们对每款应用程序的对应基础设施进行"调整"，逐步减少未使用的 EC2 实例的规模，同时更换 Linux 发行版本，以显著压缩计算的成本。这不仅为迁移至云端带来更多商业价值，同时也能够以自动化及工具链为依托实现其他基础设施改进。

在其他优化工作方面，我们采取更为大胆的方式——包括利用无服务器模式对传统平台加以重构。我们目前拥有一支敏捷性团队（职能与当初的云卓越中心类似），负责将关键应用转换成无服务器模式。如果您希望了解更多与无服务器架构价值相关的细节信息，请参阅博文。[①]

考虑到 AWS 服务的强劲增长，我们预计相关优化工作将是一项长期而持续的任务。我们需要工程资源用于验证新发布的服务如何应用到原有的应用程序组合。随着更多数据中心的关闭并迁移到 AWS，我们反而拥有了更多的可用资源。

[①]　https://medium.com/capital-one-developers/serverless- is-the-paas-i-always-wanted-9e9c7d925539.

第36章

Cox Automotive公司的云之旅：向云狂奔

——Cox Automotive 公司 CTO Bryan Landerman（现已加入 AWS 企业战略
团队——译者注）

在深入了解我的经历、旅程与心得之前，我可能要首先介绍一下我们的
身份定位与转型起点。

行业背景

Cox Automotive 公司①是一家立足汽车行业的领先软件与服务供应商——
从 Manheim 实体与在线拍卖，到 Autotrader② 网站与 Kelley 蓝皮书③，从经
销商网站、服务调度与运营相关的各类软件，到 ERP、CRM 以及 BI 等皆有
涉及。我们先后进行过 40 多次收购，在北美地区拥有超过 15 个工程技术分
部与 52 座数据中心。Cox Automotive 是一家员工数量达 3.4 万人的全球性企
业，业务覆盖 90 个国家。

收购活动当然能够实现业务增长，也会带来另一些有趣的状况。在工
程技术层面，这意味着我们拥有基于 iSeries、Oracle DB、Oracle Exadata

---

① https://www.coxautoinc.com/future-cox-automotive/.

② https://www.autotrader.com/.

③ https://www.kbb.com/.

的 IBM 报告生成程序（RPG），以及 IBM DataPower 等、.NET、Java 以及
Python；我们甚至还掌握着几套马萨诸塞州综合医院多功能编程系统（简称
MUMPS）——这仅仅是技术组合的一部分。简言之，我们拥有多元的文化、
技术与方案集合。尽管我们共同组成了幸福的大家庭，但如此多样的构成也
使我们的云转型之旅与众多其他企业一样变得相当复杂。

如何起步

当我开始回顾我们如何起步以及怎样获得如今的成就时，回过头来看，
理想的结果似乎能够轻松证明当初决策的正确。我们首先从小处入手，并取
得了一部分初步成果。这种成功在带来经验的同时，也赋予了我们进一步迁
移的信心。随着规模与决心的增长，我们开始遭遇各类缺少经济意义的解决
方案迁移工作，这也导致整个进度停滞不前。以 Autotrader.com 为例，虽然
原本的网站硬件方案存在严重的配置过度（两倍于超级碗（Super Bowl）（指
美国职业橄榄球联盟冠军赛）时峰值流量）与灾难恢复（DR）站点资源浪费
问题，但对其进行迁移带来的成本仍然将远远超过收益，我们决定暂停手头
的工作。看着迁移方法与计费模式的演进，但我们已经意识到，云计算代表
着业务的未来。因此，我们继续投资工具开发并建立起云卓越中心，希望为
日后的再次迁移做好准备。

2015 年年底到 2016 年年初，我们对微软 Azure、AWS、Google Cloud
以及 Pivotal Cloud Foundry 进行了全面评估。我们决定优先整合自身技能、
对话、技术与产品，这意味着最好是选择单一云服务供应商（除了部分特殊
工作负载之外）。我们将 AWS 初步定为发展方向，并开始询问技术团队"有
没有不选择 AWS 的理由？"我们还没有做好大规模迁移的准备，但我们很
清楚提前消除分歧将极大地提升迁移战略的执行效率。因此，我要求我们的
团队首先假设 AWS 就是正确的选择，并要求大家在选用其他方案之前必须
证明 AWS 无法工作。

在那年的 AWS re：Invent 大会上，我们的一切疑问都得到了解答——

没错，一切疑问。在离开会场之后，公司领导层和我都意识到时机已经成熟，接下来该由架构负责人和我一道大显身手了。

在接下来的十个月中，我们建立起 AWS 团队围绕 Stephen 书中提出的一些重要概念，包括：最佳实践一——获取高管支持（第 11 ～ 14 章）；　打算进行大规模云迁移（第 4 章）；以及先从"6 个 R"开始（第 6 章）。考虑到之前提到的多样性问题，我们其实很难弄清 Cox Automotive 公司该选择怎样的转型起点。但我们很快意识到，最重要的是提出核心问题：对于我们自己和公司，云计算是什么？它为何如此重要？

现在，大家可能认为这个问题没什么意义，毕竟"每家企业与技术公司都已经有了答案"。虽然不了解您的实际情况，但我要强调的是，当时 Cox Automotive 公司的大部分员工不可能未卜先知地预测到技术行业的下阶段发展态势。我们必须引导他们建立起宏观视角，以开放的心态接纳云计算；　更重要的是，承诺推动这一轮规模庞大的云采用与迁移工作。

听起来很简单？但大家应该可以想象，我们如何一路艰辛才走到今天。正如 Andy Jassy 所言，"没有算法能够压缩经验的获得"。尽管我们投入的时间超过预期，但事实证明经验值得通过这种艰难的方式获取，而我们也在一路上学到了很多！

时至今日，我们仍然在努力学习与提高。而且我虽然不会对过去感到后悔，但如果有机会重来一次，很多事情其实可以做得更好。下面向大家详细介绍 Cox 公司采取的方法与在转型过程中获得的经验教训。

确定是什么以及为什么

我通过能源行业的发展历史从宏观角度上讲述计算的转变过程。（感谢我在 re: Invent 大会上结识的好友 Drew Firment，他向我推荐了 Nicholas Carr 所著的 *The Big Switch* 一书！）我在演讲中明确阐述了从企业高管到产品负责人再到工程师，为何每个人都应放弃对基础设施的控制权，转而采用 PaaS 作为业务实施基础。演讲引起了大家的共鸣，一位高层产品负责人表示，

"我理解讨论的主题与思路，我也已经对云计算拥有一定了解。但这次演讲还是让我大开眼界，真正使我意识到云计算为何如此重要，特别是在产品管理方面。谢谢。"

结论：不要假设每个人都拥有相同的立场。投入时间以确保云计算真正成为整个企业的最优选择。如果单纯将云计算视为成本节约或者技术性倡议，那么您恐怕距离失败不远了。云计算的价值远不止成本节约那么简单，其代表的是一场思想意识层面的宏大变革！

建立商业案例

我们的商业案例围绕着一套复杂的模型展开，其中涉及大量影响因素与潜在风险，旨在为成本与价值找到理想的平衡点。我们花了不少时间收集数据（包括更新率、许可协议、数据中心以及硬件复用等），并同团队一起探索如何将现有应用程序与"6 个 R"原则相映射。顺带一提，"6 个 R"是一套思考迁移工作的可靠参考架构，旨在对环境中的各类复杂变量进行简化。通过这种方式，我们才能充满信心地建立商业案例。

结论：最重要的是，不要单纯把迁移工作视为数据中心的移动，其复杂性远高于此、带来的影响也更加深远。请投入时间认真思考！与 AWS 建立合作关系，从而建立起真正适合业务需求的转型计划，这是在项目初期非常值得花额外的时间做好的工作。这也会避免团队反复讨论资本支出转化为运营支出和成本泡沫等话题。

规划实施方法

我们决定一口一口吃下大象，来解决数据中心的问题。为此，我们建立起自己的云业务办公室（全面负责相关执行与项目启动工作），并通过每一轮迁移进展、学习与调整过程强化自身迁移能力与技术水平。

（1）首先选择那些易于控制、影响因素最低且涉及员工数量较少的数据中心进行迁移。这些数据中心往往由单一业务部门使用——通常是某一地理区域中的工程技术团队。这样的选择方式使我们能够增强支持能力、简化培训流程并提高团队凝聚力。

（2）以"6 个 R"原则为基础对目标数据中心进行主动迁移，并在工作完成后将其关闭。

（3）总结经验，重复进行！

在进行数据中心合并的同时，我们也在同步实施云迁移并对多座数据中心进行处理。通过合并工作流程，我们减少了不必要的数据中心到数据中心再到云的迁移。这种方法有助于降低不必要的成本泡沫，同时最大限度地避免过度开销与长期资源浪费。

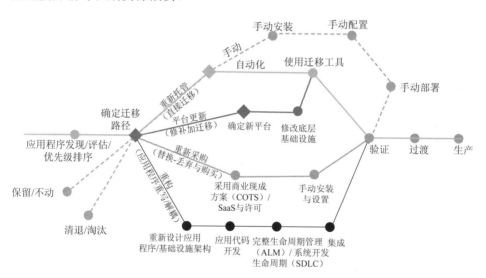

结论：AWS 拥有大量有助于思考及发展的概念资源，大家应充分加以利用。我们与 AWS 联系人一直保持着积极接洽，他们帮助我们掌握这种方法，并在构建过程中阐明成本泡沫等关键性概念。考虑到成本节约通常是各类企业选择云计算的核心理由，大家应尽快确立价值定位。具体来讲，某些迁移工作可能无法节约成本，甚至带来高于内部架构与基础设施的成本水平。但我们应当在成本与价值之间找到正确的平衡点，并以此为基础建立起能够产生收益的商业案例。

发挥前进的惯性

工程技术部门有采用云计算的前进动力。在云优先思路的指导下，我们提前批准使用 AWS，要求各个团队如不采用 AWS，要证明其为何无法为其工作提供帮助。

结论：前进的惯性极为重要，因此必须找到保持前行动力的方法。由于云计算的引入会对各个团队的日常工作造成重大影响，构建软件的方法与所使用的工具选项也将快速改变；在这样的背景下，前进的惯性会加快变革速度并推动云社区的建设。这种能动性促使我们围绕成本泡沫开展内部讨论，研究如何通过协调一致的方式预防这种可能出现的成本失控甚至对价值交付能力的削弱。

寻找合作伙伴

您可以选择众多合作伙伴帮助自己完成迁移与战略推进。对我们来说，直接与 AWS 合作最有意义。我们希望与拥有相关经验的合作伙伴携手，我们觉得 AWS 有动因帮助我们实现业务成功。而我们也坚信，我们的迁移工作及相关经验也在持续不断地为 AWS 做出贡献！

在为期十个月的探索中，我发现由于难以确定需求而无法判断何时需要帮助。在经过一段时间的混乱与迷茫之后，我们终于同 AWS 建立起健康的合作关系，并在共同的认知基础之上协力推动转型进展。

结论：拥有正确的合作伙伴至关重要。与 AWS 合作对我们来说是个正确的选择，但我不确定这是否适合一切企业。因此，大家应该寻找自己信任的合作方为您提供指导。要尽量避免别人因你缺乏经验或有机能障碍而获利的情况出现。

此外，请花点时间与已经顺利完成转型工作的人交流。大家应积极要求 AWS 或者其他合作伙伴引荐情况类似的客户，从而及早并经常学习经验；

必须承认我们在这方面做得还不够。

基础性投入

我们拥有良好的前进惯性，但仍然缺少一些能够实现长期成功的关键性因素。面对 52 座数据中心，我们对于迁移工作当然非常敏感——这意味着我们需要将大量雪花（snowflake）应用程序由众多雪花数据中心转移至 AWS 上的雪花应用。

结论：及早进行基础性投入，具体包括：

（1）建立着陆区。

（2）培训团队。

（3）转变安全实践。

（4）简化持续集成 / 持续交付（CI/CD）实践与操作工具。

（5）建立 API 方案（特别是在需要对整体式应用进行拆分的情况下），包括微服务 POV、工具链以及参考架构。

尽早沟通，经常沟通

迁移一个涉及众多因素的复杂过程。要顺利执行转变，必须获得系统中的各个层面的认可和支持。

结论：尽早沟通、经常沟通，确保与利益相关者之间拥有良好的沟通渠道。将转型工作的所有权与责任由核心小组开发的商业案例转换至执行工作的实际操作者。将这一思路纳入计划中，时机非常重要！

* * * * *

截至目前，我们仍然拥有多座数据中心和至少一个重要商业案例——没错，我们还要很多口才能吃下这头大象。

　　Stephen 在本书的第一部分"采用阶段"与第二部分"七项最佳实践"部分概述了多种策略与实施手段，相信会给很多朋友带来启发。根据我的体会，只要您已经在迁移工作中完成了一定程度的积累与学习，就应该能够与 Stephen 给出的结论产生共鸣并从中获益。当然，我们也乐于为您提供帮助，因此请不要害羞，勇敢说出自己面临的问题。在我们的共同努力之下，云计算必然会给整个技术领域带来下一轮重大变革！

第37章

AQR　Capital公司的云旅程：首款生产应用的诞生

——*AQR Capital 公司云服务副总裁 Michael Raposa 和公司 CTO Neal Pawar*

在云端的探索与迁移过程中，不少企业在起步时即遭遇困境。我们认为，在这一关键性节点上提供详尽的说明性指导，能够帮助更多企业顺利完成转移之旅。AQR Capital 公司是一家全球性的定量投资管理企业，而我们也成功由零云经验逐步实现了第一项成果——部署首个生产工作负载。

建立云商业案例

在为云计算建立商业案例时，我们的第一条建议是不要将案例局限在总体拥有成本（TCO）上。事实上，如果可能，大家最好完全回避总体拥有成本这个话题。诚然，从总体拥有成本角度审视云迁移的成本节约效果确实极具吸引力，但现实其实并没有那么简单。总体拥有成本中包含哪些具体因素会对结果造成巨大影响。举例来说，我们无法将硬件采购与物理服务器的支持成本，直接与 EC2 实例进行公平比较。因为在这种比较中，物理服务器本身也许价格更低；但由于并没有考虑到内部服务器的维护支出以及所有外围设备的其他开销，特别是整个使用周期中的持续性成本，这样的计算根本不够准确。要科学地比较总体成本，必须将人员开支、机架空间、供电、网络、冷却等系统的成本包含在分析中。因此这里要再次强调，千万不要把云迁移工作视为一种"点对点"的成本比较过程。

我们采用了多种不同方法构建云商业案例。首先，我们专注于耗时且昂贵的内部部署用例——即图形计算 GPU 集群或大数据 map-reduce 集群。此外，我们还坚信云计算将成为"新常态"。大约十年前兴起的虚拟化技术如今已经成为数据中心环境下的最佳实践方案。我们相信云计算也在推动类似的转变。目前全球规模最大且最知名的诸多金融服务企业都开始在 AWS 上运行生产工作负载，也有大量指标证明云计算正成为更会被接受的 IT 服务运行解决方案。

我们同时也是幸运的，因为企业内部已经拥有成熟的创新文化。研究人员乐于进行实验，而相较于内部设施，云计算能够显著降低实验门槛与执行成本。如大家所知，金融研究需要消耗大量数据与计算资源。我们的研究人员对于数据有着无穷无尽的胃口，特别是在如今这个"大数据"以及众多特定数据集不断涌现的时代中。拥抱云计算正可以很好地满足他们的胃口。此外，云计算还允许研究人员对深度学习及大数据分析等新兴技术进行探索，从而为后续投资提供重要的论证支持。

从概念验证开始

正如 Stephen 在"采用阶段"部分提到的，我们也建议大家先从概念验证工作开始。在 AQR 公司，我们与一支由研究人员及工程师组成的小型团队进行了接触，他们提供了一系列理想的用例选项，可供我们探索云优先战略的实施方式。关于项目细节，将在后文进行具体探讨。这里总结一点，该项目能够很好地证明 AWS 云环境的技术可行性与商业收益。更重要的是，我们的概念验证工作并非单纯的测试，其同时也需要解决某个特定的现实问题。只要顺利通过压力测试，我们就会将其交给质量保证团队进行检查，并最终引入到生产流程中。

概念验证项目的运行工作由新组建的云服务团队负责。类似于 Stephen 提到的云卓越中心，我们的云服务团队专注于为 AQR 工程技术团队交付云计算价值。该团队负责监督 AQR 公司内的各项云计划，同时与首席信息安全官 CISO 及 AQR 工程部门负责人开展密切合作，努力保证云架构的灵活性、安全性、可操作性、稳健性、可控性以及可审计性。最后，该团队将与关键业务部门合作，针对环境中的实际情况向利益相关者解释引入云计算的风险以及云端提供的风险缓解性控制措施。

一旦建立了良好的概念验证项目，接下来大家需要密切合作以帮助组织的整体发展。请注意，云计算绝对不只是具体的工程技术项目。为了充分发挥云计算的优势，需要对业务流程甚至是组织结构做出彻底改变，从而对接弹性基础设施、实验与创新文化以及 DevOps 理念。建议您尽量获取工程技术部门之外的相关者的认同。否则，AWS 迁移计划很可能因为一次"颠簸"而陷入困境。只有从起步阶段即全面提供支持，各团队才会与云计算的成功绑定在一起并给予肯定。

制定云策略

要在组织整体中建立起采用云的共识，最重要的工作之一在于制定云策略。相关策略应当通过简单易懂的语言制定云端操作规则。我们将这份文件递交至高层管理团队，旨在为 AWS 环境中运行工作负载的新型业务流程争取支持。需要强调的是，我们同样将高管团队纳入文件，旨在确保他们在云策略中拥有充分的"参与感"。此外，我们还持续追踪变更因素，或者将文件本身设置为"活的文档"，用以突出异常状况并帮助审计人员快速跟进。很多组织将文件视为一种"原则性方针"——即使用 AWS 时应当遵循的基本规则。CIS AWS Foundations Benchmark 中提供了不少示例性策略，可以根据实际情况将这些策略合并到您的文件中，具体包括：

- 一切根账户皆应利用多因素验证（简称 MFA）加以保护。
- 不应使用互联网网关。

- AWS IAM 密码策略应与企业密码策略相匹配。
- 对所有静止的和在途的所有 AWS 服务进行加密。

文件整理完成后，云服务团队可以继续立足治理、运维策略、流程等层面对文件政策进行补充。云服务团队负责借此明确强调运营与安全方面的执行原则，确保对 AWS 云资源的"正确"使用。此项策略将对所有来自高层利益相关者的要求进行总结与贯彻，引导企业在符合基本方针的前提下实现云运营。

如果企业内部缺少相关专业知识，建议大家联系专业的咨询公司整理这份策略性文件。咨询企业将以通用版本为基础，根据您的实际情况对文件内容进行定制。另外，请确保这份策略文件接受独立的检查与验证，在实际执行之前消除其中可能存在的任何错误。

如果没有文件与指导方针的支持，云服务团队很有可能犯下常识性错误，甚至与企业的业务执行标准产生冲突。一旦发生这种情况，您的 AWS 项目将面临巨大的风险。事实上，开发环境中的一个简单治理错误就足以破坏整个 AWS 项目。举例来说，即使是在开发流程中，将公共 IP 分配给 EC2 实例都会对项目的安全及声誉造成巨大影响。

多云还是不多云？

自从决定推动云迁移之后，关于多云选项的讨论就从未停止。

从技术角度来看，我们将多云环境视为一种战略性障碍。我们认为，多云方法的引入会将我们的整体功能限制在最差的云服务供应商的水平上，而这显然会极大地影响到云计算价值主张的真正实现。更具体地讲，如果全方位采用多云战略，我们将无法采用无服务器等能够为开发人员赋能的重要新型设计模式。

然而，风险与合规团队担心选择单一供应商同样会带来多种问题，特别是供应商锁定难题。为此，我们专门制定了一项风险缓解策略。

首先，我们面向热备份和暖备份故障转移场景制定出一项多区域策略。

AWS 提供多个北美区域选项与 Direct Connect Gateway 服务，能够帮助我们轻松确保这项策略的可行性。在这种多区域体系的支持下，我们虽然无法缓解单一供应商风险，但能够有效消除由单一 AWS 区域服务中断引发的业务影响。

其次，我们利用容器（Docker）对操作系统进行抽象化处理。这种做法的主要作用在于将底层平台与应用程序区分开来。因此在必要时，我们可以更轻松地将工作负载从内部部署环境迁移至 AWS，或者进一步迁移至其他云平台。

第三，我们实现了云部署流程的全面自动化。这种能力可以从两个角度缓解单一供应商风险：

（1）整体环境皆以代码形式存在，因此如果需要更换云服务供应商，我们可以轻松审查需要变更的内容。从本质上讲，我们可以单纯调整代码以适应不同服务供应商的具体配置方法。

（2）利用自动部署能力，云服务供应商的变更只会对自动部署方法产生影响。虽然这仍然是一项艰巨的任务，但其执行过程远比手动操作简单。

此外，我们还适当使用简单的低成本抽象层。举例来说，我们为 Amazon 简单队列服务（SQS）编写了一套环包程序，其能够轻松跨越多种消息收发平台提供简单应用程序接口。开发人员能够将该环包程序整合到自己的应用程序中，而我们则可在无须变更面向开发者的 API 的前提下轻松替换该底层 SQS 组件。请注意，在这里我们一直尽可能避免编写抽象层代码。我们认为，添加这些层会加大追随 AWS 发展步伐引入新服务的难度，这将分散我们在核心业务领域进行创新的精力，甚至对软件工程投资产生负面影响。在这方面，除非存在必要需求、容易添加而且不会对底层服务功能造成影响，否则我们将尽量避免加入新的抽象层。

再有，选择使用多云模式，无助于就批量使用产品与云供应商开展价格协议。虽然很多人认为多云环境有助于推动价格谈判，但我们发现这一论点缺乏深度。亚马逊公司长期以来一直在持续下调 AWS 的服务价格。此外，云市场本身一直存在着巨大的成本竞争压力，而且我们目前没有看到任何可能改变这种状态的因素。这种竞争压力将持续推动服务价格下调，因此多云模式带来的实际成本，很可能超过选择单一供应商并进行深入价格协商的成本水平。

最后，对多云环境还可以从另一个角度思考。虽然我们的哲学是不要将环境水平与各云服务供应商的最低服务水平联系起来，但与此同时，我们也不打算把所有鸡蛋都放进同一个篮子。我们发现，软件即服务（SaaS）与云基础设施供应商之间还存在着更多做出倾向性选择的活动空间。举例来说，我们将一套高人气票务系统托管在云中（我们对效果非常满意），但却会将某些以 Windows 为中心的工作负载运行在别处。很明显，我们选择这种部署方法的前提，在于确保这些工作负载之间不存在交叉——或者说不需要跨越多套云环境进行应用程序通信。选择 SaaS 类解决方案通常可以满足这类需求。

找到合适的咨询合作伙伴

正如 Stephen 在最佳实践系列文章中提到的，作为云计算转型之旅的第一步，您应与 AWS 顾问建立合作关系。在合作伙伴的帮助下，您将能够加快云计算的采用，并充分运用合约工作人员为内部员工提供支持。更重要的是，您可以利用合作伙伴积累的丰富经验与知识，从其以往经历中吸取教训并深入了解最佳实践，避免犯同样的错误。

请确保在确立合作关系之前，对顾问方进行适当的审查。我们就遇到过无法满足我们的既定标准的顾问方。具体而言，您应确认顾问方不仅具备您需要的技术技能，同时也拥有与您组织需求相适应的文化理念。我们倾向于将顾问审查标准与员工雇用标准统一起来，虽然这有可能延长寻找周期，但却能够显著提高顾问质量。请相信我，等待是值得的，特别是考虑到顾问方意见对您云转型之旅产生的重大意义。

与顾问方交流，关注其提供的"预制"模板与云业务流程。这些构建组件将用于基础 AWS 服务的设置（例如 Amazon 虚拟私有云（VPC）以及 AWS Direct Connect 等），并将在推进采用速度方面发挥关键作用。事实上，修改现有模板比从零开始构建新模板要简单得多。您可以从别人的错误中吸取教训，并运用其掌握的已知最佳实践。请要求顾问方提供模板与流程记录文件。此外，已经完成过类似工作的顾问方应该能够向您提供来自其他客户的可交付成果以供参考。在审核过程中，请确保文件内容与您的执行标准相匹配——这也是最科学的合作伙伴考查方式。

在 AQR 公司，我们曾经与多位合作伙伴进行接触。我们利用"快速失败"方法并与多个合作方同时进行实验。我们的目标是尽可能从更多合作伙伴身上学习 AWS 的迁移与运营经验。

迁移您的第一款应用程序

在 AWS 采用过程中，第一款待迁移应用程序的选择代表着一项关键决策。事实上，如果首次尝试就遭遇失败，很可能给整体迁移工作带来沉重打击。

建议您选择那些具备"云显著"特性的应用程序。这类应用程序应该非常适合在 AWS 上运行，且这种适宜性得到了组织内部的广泛认可。

下面聊聊所谓"云显著"性应用程序的几大主要特征：

● 通过应用程序迁移至云端，应该能够为组织带来明确的业务优势。

● 这款应用程序应该具备低风险属性。不同组织对于风险的定义各有区别。举例来说，如果一款应用程序只使用公开可用的数据集，则其通常具备低风险特征。

● 应用程序能够且应该利用云计算的优势（例如规模伸缩与无服务器架构等）。

● 最后，这款应用程序应该较为"独立"，即对下游的依赖性较低。应用程序的独立性越高，其对内部部署应用程序的依赖性就越弱，迁移工作也就越容易实现。

在 AQR 公司，我们决定将（使用非专有数据的）研究类工作负载作为起步性迁移应用组。

AQR 是一家资产量化管理企业，因此我们的投资决策被充分封装在数值模型与系统交易流程中。我们的研究人员会利用经过严格测试的方法对多年积累得出的数据进行测试（即返回测试），从而制定出创新型投资信号与交易策略。凭借着弹性计算为研究团队提供的规模伸缩能力，AQR 公司得以最大程度地提升创新工作的实际效率。

我们将这套高性能计算集群选定为迁移至 AWS 的首款应用。该应用程序符合全部"云显著"标准。首先，概念验证项目证明 AWS 在技术层面确实是一套可行的解决方案。其次，该集群能够与规模伸缩模型实现良好匹配。AWS 实例会根据需求进行自动扩展，而我们则仅需要按实际资源使用量付费。第三，我们的研究工作具有幂等特性，这意味着我们能够在 AWS 竞价型实例上开展工作，从而显著降低资源使用成本。此外，AWS 在成本效益之外还提供具备高度可扩展性的数据结构与存储体系。所有 AWS 数据解决方案皆可实现规模扩展，从而支持集群提出的一切计算需求。最后，这一研究型应用程序的幂等与无状态特性使我们能够轻松发挥多种云计算优势，包括多可用区设计、规模伸缩以及不可变架构等。

最重要的是，如今研究人员终于可以尝试更多新技术与新方法。在内部环境中，我们能够使用的实验性"工具包"终究有限。但在云环境下，研究人员不仅能够加快实验速度，同时也可在无需重大资金与时间投入的情况下尝试更多新技术。这使得我们能够显著加快建模与创新探索的推进效率。

总结

以下是我们在云计算与数字化转型过程中整理出的几大核心要点：

- 您的第一款应用程序应该具备"云显著"特性。
- 尽量不要将总体拥有成本作为主要云转型驱动因素。
- 整理出用于描述 AWS 环境运行规则的策略性文件。
- 除了 IT 部门之外，您的云计算与数字化转型工作还应得到组织高管团队的支持。
- 您制定的多云战略可能无须包含多家云服务供应商。
- 与合作伙伴通力配合，借助他们的力量为您构建初始云平台与实践。

第38章

纽约公共图书馆的云旅程

——纽约公共图书馆信息技术主管 *Jay Haque*
最初发布于 2016 年 6 月 21 日：http: //amzn.to/NYPL-cloud-journey

"图书馆是诞生新思想的产房，亦是历史复活的地方。"

——Norman Cousins

几年前，我有幸见到负责推动纽约公共图书馆迈向云旅程的 Jay Haque。我在道琼斯的经历使我们在云转型方面颇有共同语言。在此之后，我很高兴地看到 Jay 在我的一篇文章下发表了评论，其中提到他在纽约公共图书馆云转型方面的后续进展。在我看来，他总结出的最佳实践完全适用于其他行业与组织。

事实证明，我的观点并不孤立——Jay 和他的团队在 2016 年的 AWS 云创新挑战赛 ① 中一举拿下大奖。感谢 Jay，我也期待看到您和纽约公共图书馆在未来带来更多足以改变技术交付方式的成果！下面是 Jay 讲述他领导下的纽约公共图书馆云转型旅程。

当 Stephen 邀请我就自己的云卓越中心建立经验谈谈心得时，我重新回顾了他提出的"企业云转型之旅中的七项最佳实践"一文，并发现其中的结论与我们的经验高度契合。

纽约公共图书馆的转型之旅主要强调规模这一核心概念。对于组织而言，

---

① https: //aws.amazon.com/stateandlocal/cityonacloud/.

云转型之旅并不一定需要从大型团队或者大型项目入手——规模较小的针对性举措反而更合适，您可以在过程中总结自己的实践经验并逐步扩大规模。我知道，每一位技术专家都希望获得自上而下的高管团队支持、宏观指导以及财政支持，进而实现自己构思中的一切转型目标——这使技术人员梦想成真，但这样的好事可不多见。如果满足不了如此严苛的条件，那么大家不妨从小处着手。

　　我们的旅程始于一个简单的想法，即在云环境中构建起一套配置管理平台，旨在证明我们的主网站① 与极富盛名的数字化书库（Digital Collections）② 站点能够从中受益。而在实施过程中，我们很快意识到云服务——特别是 AWS——能够通过提高自动化水平而显著加快项目完成速度。通过适当调整以及对冗余机制与无缝扩展能力的引入，我们有效地将成本控制在理想的水平下。虽然整个转型之旅的起点不高，但我们仍然获得了非凡的成就；将 AWS 与世界领先的开发、产品、项目及 DevOps 团队相结合，我们最终在 2016 年 AWS 云创新挑战赛的最佳实践分项赛中获得了冠军。

　　配合 Control Group（一家 AWS 合作伙伴），我们制定了一项计划，其不仅能够为网站资产提供必要的基础设施支持，同时也可作为一套配置管理平台对未来项目提供加速能力。其中的核心思路是，网站资产终有一天会被清退，但该管理平台将始终根据需求进行规模扩展并为无数站点提供基础设施自动化构建能力。该项目后来用了不到 12 周就完成了——还不到给团队分配时长的一半。

　　为了明确解释我们的项目如何与 Stephen 提出的七项最佳实践保持一致，下面以同样的形式为大家分条进行阐述。

1. 获取高管支持

　　自上而下的高管团队支持能够为您的项目提供必要的目的与力量。在规模方面，大家应首先争取一切可用的现有资源——即使只是某一位高管的认可或者单一项目。保持专注，并在取得阶段性成果的同时争取更进一步的高管支

---

① 　http：//www.nypl.org/.

② 　http：//digitalcollections.nypl.org/.

持。通过这种循序渐进的方式，您将慢慢得到高管团队的整体认同与赞赏。

在最初讨论转型工作时，纽约公共图书馆正在推进两大主要 SaaS 项目。当时的新任 CTO 则主要受制于紧张的人力资源以及潜在的预算削减难题。大家可以想象一下，面对这样的状况，企业对大规模集中推动云转型兴趣不大。

尽管如此，我们很清楚必须马上行动起来，否则可能落后于行业趋势。我们的 CTO 支持在云环境中构建一套低风险且低资源需求的配置管理系统，且要求项目快速完成。在该项目证明了云计算的价值之后，CTO 及其他高管的情绪很快被点燃，并开始为我们转型之旅的后续阶段提供有力支持。

为了获得项目的必要支持，我认为大家应主要关注以下 5 项因素：

（1）**利用现有项目**。我们选择了配置管理平台作为起点，而其命运也将直接决定未来是否还有机会启动优先级更高的计划。能够构建这套平台，我们亦可快速积累经验，以提高未来基础设施项目的执行速度。

（2）**从小处着手**。这一点，也是以下 3 项因素的起效前提。

（3）**最大程度地提升成功概率、降低风险水平**。由于项目规模很小，因此失败风险很小。而且即使遭遇失败，其对成本及业务也不会造成太多影响。

（4）**快速执行**。久拖不决的小型项目令人无法忍受。因此，请高度关注即时结果，并以此为基础逐渐向规模更大的项目迈进。

（5）**关注可扩展性**。虽然项目规模不大，但我们仍对其中的各个组成部分进行讨论，充分考量其未来的潜在扩展需求与能力。

2. 培训员工

技术专家需要不断学习——而这也是我们的基本思路。除了关注学习的能力与时间投入之外，大家还应激励团队并提供一切必要资源。专注于学习能为您带来即刻见效的重大收益的核心元素。对我们来说，编排、配置管理以及代码是一切工作的核心，因此我们也将初步学习内容设定在这一范围之内。

在配置管理平台项目刚刚启动之时，团队就对我们雄心勃勃的目标拥有深刻理解。因此，在这一初始 AWS 项目即将启动的几周前，我们就已经开始对云服务开展讨论，包括如何及在何处使用云服务、合作伙伴提供哪些功能演示、关注其他组织的实践方法等。这在组织之内营造出对新鲜事物的兴奋感，也使员工们获得了强烈的学习意愿。项目启动后，我们在项目管理实践与 CTO 支持的推动下分配资源与时间，以提供全方位的覆盖支持。最后，除了 AWS 提供的课程外，我们也开始积极参加合作伙伴组织的各类研讨会。

3. 建立实验文化

在利用合作伙伴帮助我们推动转型旅程的同时，我们也在努力建立起一种实验文化。

在项目实施之前，合作伙伴为我们提供了大量宝贵的技术性建议，确保我们的系统工程团队有足够的时间在 AWS 沙箱环境中进行技术探索与测试。沙箱环境极为灵活，允许系统工程师快速构建及移除各类堆栈，同时尝试解决各类复杂的实际问题。我们使用多种方法对网站基础设施的实例问题进行探索，包括使用机器镜像（AMI）、利用 Puppet 进行编排，以及面向外部存储库或 S3 进行代码同步等。这些实验加上与合作伙伴的深入讨论，确保我们能够将自身构想与新兴最佳实践相结合，从而有效对各类现有技术选项做出评判。

我们在旅程早期建立的实验文化，如今仍然在指导着实际业务运营。拥有不同专业背景的工程师与开发者们以高昂的士气对云计算的各个层面进行实验。我们在为期一天的内部黑客马拉松活动中利用 Elastic Transcoder 构建并运行一套媒体转码管道——很明显，如果没有 AWS 的帮助，我们根本无法实现如此强大的自治能力与实验效率。通过这种方式，我们得以在无需重大财政投入的前提下对各种创新灵感进行测试。

4. 选择正确的合作伙伴

如果没有 Control Group 的帮助，我们不可能在极短的时间内取得成功。总体来讲，这些经验丰富的 AWS 专家为我们的系统工程小团队带来了巨大的人力资源补充。Control Group 为客户提供立足云环境进行自动化系统构建与部署的相关最佳实践，而这些宝贵经验源自他们自己的软件开发经历。身为服务供应商与 AWS 的忠实客户，他们的 AWS 实践经验极大地改善了我们的学习曲线，并最终加快了我们的云转型之旅。

合作伙伴参与到早期转型阶段中，帮助我们对工程团队进行教育、推动内部实验，并为业务环境中提供最佳实践应用指导。可以说，这种密切的合作关系使得我们能够持续成功。

5. 建立云卓越中心

随着初始 AWS 项目即将完成，我们开始思考"下一步该做些什么"。总体来讲，我们的下阶段规模目标以"做大"为主，而这自然需要更多支持与助力。

我们的开发与系统工程团队讨论了如何在 AWS 之上构建更多后续项目。在这个过程中，我们需要体会职能角色应如何转变、要如何实现协作，同时探索这种工作方式对整体进度造成的影响。在将主网站迁移至 AWS 之后，我们一边继续从合作伙伴处获取支持，一边独立尝试在该平台上发布备受期待的数字化书库（Digital Collections）网站。该网站庞大而复杂，足以测试我们在云环境下运营的实际能力。在几个月的学习之后，我们的系统工程与开发团队已经积累了充足的专业知识与能力，此外 Control Group 的支持也让我们有信心为这一高需求量网站建立理想的解决方案。

当然，我们仍然非常关注云卓越中心，包括 DevOps 理念。我们逐渐意识到自身面临的取舍性难题是什么，并开始尝试对其做出权衡。举例来说，我们希望提升速度，但又不希望牺牲系统的完整性。我们希望实现标准化，但却无法接受太多的管理负担。这些问题以优化需求的形式被整理出来：我们已经将基础设施交付周期从数个月缩短至数天，但怎样才能做得更快、更好？

6. 实施混合架构

这一点对于纽约公共图书馆而言绝对必要，因为我们有理由继续运营重要的内部基础设施。我们的主要目标是在 AWS 中构建新产品，并选择合适的网站将其迁移至新平台上。虽然我们对遗留内容的云迁移产生了越来越强的兴趣，但必须承认的是，有时候把这部分资源用于推动新产品的发展才是更好的选择。总体而言，我们必须认真选择迁移目标，同时充分考虑对遗留系统的处理选项。迁移是一种选择，弃用也是一种选择。为此，我们决定积极支持混合架构的实施。

7. 建立云优先战略

在这方面，我们只能算是完成了一部分工作。我们已经非常擅长在 AWS 上构建以网站为核心的系统，而这也成为我们的主要云构建方向。事实上，除非存在令人信服的理由，否则我们绝对不会将新的网站解决方案部署在内部环境下。然而，我们还需要进一步学习如何在云环境中部署其他类型的业务应用程序，有时甚至需要询问是否存在现成的 SaaS 产品作为替代方案。云迁移的成功案例为我们云优先战略铺平了道路；显著的成本与效率优势不言自明，这帮助大家意识到云优先正是最佳的优化策略。

总结

在我和 Stephen 第一次交流经验时，纽约公共图书馆才刚刚踏上云转型旅程。从那时起，我们走过了漫长的道路，而成功的模式也随着时间推移而变得愈发清晰。Stephen 通过七项实践向身处任何阶段的所有组织阐述了有助于完成转型工作的要点。我也希望自己的总结能够为正在思考如何以及从哪里开始自己云转型之旅的朋友带来帮助。我也期待了解您的经历——您的体会将让我们的成功故事更充实，而每个故事都代表着学习的机会。

第39章

第四频道借助AWS之力获取和保留客户以促进业务成长

——*Execamp 创始人兼《精益企业》联合作者 Barry O'Reilly*

　　第四频道（Channel 4）是英国最大的电视网络之一。2012 年，第四频道与其他大多数电网网络公司一样，意识到自己正在失去观众的青睐，广告收入开始快速下滑，而他们缺少新的途径吸引更多客户的加入。因此，他们迫切需要提出新的方法进行内容价值挖掘、产品与服务创新，并确保业务拥有理想的未来增长空间与可持续性。与此同时，第四频道的内部技术能力也面临着严峻挑战。该公司曾经历过一段艰难的岁月——其间，他们努力推动的一系列关键项目因技术难题而出现严重延迟，并在高点播与负载压力下多次崩溃。

　　由于种种原因，该公司的业务与技术部门之间也存在着矛盾与冲突。不同于业务部门漂亮宽敞的办公环境，技术团队有的只是一个个建于几十年前的土灰色小隔间。这种巨大的反差，使得两个部门之间合作效果极差、毫无信任可言，甚至在思维方式上也是格格不入。

　　作为当时最受欢迎的主持人之一，Jamie Oliver 的厨艺节目每周吸引了约 10% 的英国民众观看。在节目结束时，Jamie 会提醒观众们在第四频道的网站上获取当集食谱——可以想象接下来会发生什么。第四频道网站的浏览量由数千直接激增至 500 万, 而网站的崩溃也令观众们快速丧失耐心。不仅如此, 第四频道还被迫想出一种非常消极的解决办法——通过避免在热门节目中提及网站的方式, 确保主站点不致陷入瘫痪。

从技术角度来看, 第四频道面对的挑战在于如何扩展自身资源容量以满足一切需求、提升客户满意度并充分发掘其中的价值。很明显, 他们不打算为这种每周只出现几次的峰值需求投入大量基础设施建设资金。但面对愈发庞大的未来规划, 基础设施建设压力似乎又变得无法回避。举例来说, 第四频道提出了一项名为 Scrapbook 的服务项目, 有望实现内容变现并对自身产品及服务进行创新。其基本思路与现有的品志趣比较类似, 即通过电视台播放的广告与节目中的讨论帮助各方建立合作伙伴关系。仍然以 Jamie 为例, 他可能会在节目中提到"看看这款我刚从 Henckels 买来的刀具, 真是棒极了"。在节目播出之后, 观众们可以去访问 Jamie 的 Scrapbook, 并通过其中的链接买到节目中使用的刀具或者当日食谱中的各类食材。

令情况更为复杂的是, 全新 Scrapbook 的上线需要多个利益相关方的共同参与配合, 具体包括第四频道的领导团队、商业产品与技术部门 (负责提出产品设计方案)、运营团队以及负责软件实际构建的交付团队等。

而这还仅仅只是开始。ThoughtWorks 以及 Amazon Web Services 等合作伙伴负责第四频道云端基础设施的维护与管理, 包括将基础设施与 10gen 提供的 MongoDB 等新型 NoSQL 数据库技术相结合。总而言之, 项目共涉及八大不同实体, 各方需要团结一致以帮助第四频道实现业务目标。更重要的是, 整套配置方案从未进行过任何规模化测试——这显然是一次前所未有的大胆探索。

Stephen 经常开玩笑地说: "与文化相比, 策略就是一道小菜。"但如果组织中多种文化并存, 我们该如何整合出一套文化, 从而真正取得成功? 这是我们面临的实际挑战, 同时也是团队的核心指导原则之一。对于这类由多个公司参与的项目, 一旦出现了问题, 那么每一方都有可能相互指责。因此, 考虑到极短的交付周期以及极具挑战性的成果要求, 我们必须努力建立团队统一的心态、行为和文化, 确保不同业务团队、技术团队与供应商实体都能够为产品的实现做出贡献。

我们的指导原则是，只有大家都取得成功，我们这个整体才能取得成功。更具体地讲，这些实体中的任何一个单独取得成功，都毫无意义。为了在时间框架内实现预期的结果，必须创造一种文化以强调为集体成功负责而非追究个体失败的责任。另外，对于所使用的技术，我们必须确定其能够实现的效能上限。举例来说，配合 AWS 使用 MongoDB 以实现每秒 2500 个页面的处理能力就是一种前所未有的尝试，其中存在很大的不确定性以及严苛的限制条件。

我们在第四频道总部附近租用了一间办公室，并将这里作为新团队的工作与协作总部。指导进行持续改进活动有一个回顾性的指导原则叫做 Retrospective Prime Directive。我们在门头上贴了一句这样的口号，内容是"无论遇到怎样的情况，我们都认同并确信每个人都已经根据自身知识水平、技能与能力、可用资源以及实际状况做出了最好的判断"。这是一种原则性的态度，亦为我们的合作关系建立了基调。

回顾的目的，在于探索与产品交付相关的成功与失败原因，以及该如何据此实现改进——而非用于相互指责。我们之所以将这条口号作为座右铭，是因为我们都真正认同这样的思维方式。乔布斯曾经在开发 Mac 机时提到过这种方法。他们不断融合反馈意见并持续进行测试，发现新的限制条件，并根据经验对产品进行迭代以持续推动项目进展。

当时，Amazon Web Services 从未在英国进行过这种规模的部署，也没有企业能够在数秒之内应对从零到五百万的网站访问量。10gen 公司正在改进 MongoDB 数据库的驱动程序，确保其能够应对这种前所未有的资源需求水平。我们都在舒适区之外奋力探索，而我们也很清楚这样的努力工作正在建立起一种快速实验、测试与迭代的文化。以此为核心，我们几乎每天将一切进展汇聚在一起，运行各类性能测试，最终确保站点能够应对我们的需要的负载水平。

在这个过程中，我们经常会发现错误或问题，甚至非常严重的故障，但我们不会把时间浪费在相互指责或者埋怨上。神奇的是，我们逐渐习惯于不去追究错误的责任，转而将问题或失败的出现视为实现系统改进的宝贵学习机会。而无论结论是什么，我们都会将经验引入下一次产品迭代，快速整合变更并再次运行测试。

我们都很清楚，Scrapbook产品带来了重要的机会，即证明技术将如何成为第四频道建立强大战略能力的基础。换言之，IT 技术将不再被视为传统的成本中心，或者一切延迟或无法交付的根源。技术将成为企业改变的重要催化剂。在 19 周这一极具挑战性的时间期限之内，我们顺利推出了 Scrapbook，其内容也得到了网络访客们的喜爱。他们支持这一全新概念，并乐于通过其中发布的不同内容与自己喜爱的主持人进行互动。

反过来，这也为第四频道的内容变现举措带来丰厚回报——新颖有趣的内容转化为新的收入来源。而且网站也不负重望，没有发生任何后续中断，这宣告第四频道的目标成功实现。他们甚至借此获得了行业卓越技术创新奖。但真正重要的，是这一探索过程为第四频道的团队带来正确的心态，帮助其积极利用技术作为战略性能力实现商业模式创新，并为客户带来理想的结果。

除了成功的结果之外，此次项目还为第四频道实现了更多其他收益。我在《精益企业》一书中对此做出了详尽论述，包括产品开发过程中总结出的一系列原则性概念。此外，团队云与基础设施负责人 Kief Morris 也在他的论著《基础设施即代码》一书中对第四频道的 Scrapbook 项目进行了回顾。

第40章

未来不等人——第一资本迁移至 AWS云的经验谈

——AWS 公司欧洲与中东市场企业战略师 Jonathan Allen

最初发布于 2017 年 6 月 16 日：http://amzn.to/capital-one-journey-aws

"如果你花太多时间思考一件事，你就永远没机会真正把它完成。"

——李小龙

有句名言给我留下了深刻印象——"能力越大，责任越大"。没错，相信各位漫威动画的粉丝对此肯定不陌生。就个人而言，这种责任就是确保第一资本英国分部的数百万客户能够全年全天候随时获得技术服务，不出现任何技术故障。

但遗憾的是，与大多数技术管理者一样，我也必须考虑发生服务故障的可能性。而当这种情况真正发生时，我发现自己开始更关注风险问题，甚至有时想完全回避风险。虽然这样的心态不能说有错，但一旦被这种恐惧情绪所笼罩，我们就会对变化抱持抗拒态度。

当然，如果完全理性，那么这种思维中的弊端将变得非常清晰：在生活中，唯一不变的就是变化。时至今日，时代的变迁正在加剧，而我们与数字化颠覆及第四次工业革命 ① 的距离也越来越近。因此，要么积极接受一切，要么被时代吞没。正因为如此，摆在每一位技术领导者面前的选择已经非常明确——不是利用云技术实现改变，就是在抱残守缺中灭亡。哪个风险更大，究竟何去何从，相信不必再加赘言。

就是在此重要背景之下，我决定加入 AWS 公司。2017 年 4 月，我结束了在第一资本英国分部长达 17 年的任期。在这段漫长的岁月中，我在领导能力、变革管理、技术以及银行服务方面积累到了远超想象的知识。更具体地讲，在第一资本，我真正意识到领导者虽然能够拥有各种意图与想法，但如果不通过倾听、关注与引导获得团队成员的信任与尊重，你的一切思维都将毫无意义。幸运的是，我在第一资本获得了出色的团队、卓越的经理同伴以及才华横溢的众多同事。

变革带来巨大回报

但纵观整个职业周期，我认为最后的 3 年最令人兴奋。作为英国分部的 CTO，我有幸领导第一资本在人员、流程与技术变革工作中将 AWS 选定为优先平台。但必须承认，对于这样一段彻底改变了我职业生涯及生活经历的过程，刚刚接触时我确实抱有恐惧心理。那时候一切都是全新的，我们没有什么指导路线图可供参考（现在，AWS 已经与第一资本等众多客户建立起路线图方案）。② 但与众多企业探索者一样，我们最终还是成功完成了目标，并意识到最困难的事情将带来最大的收获。

这也解释了我为什么决定加入 AWS 担任欧洲与中东（EMEA）市场的企业战略师与布道者。因为我发现将自身总结出的 AWS 学习成果与经验分享给世界各地的企业，能够创造出巨大的价值。

---

① https://www.weforum.org/agenda/2016/01/digital-disruption-has-only-just-begun/.

② https://aws.amazon.com/map/.

AWS 云改变了一切

　　我从在第一资本领导过基础设施、应用程序开发以及技术支持等各个团队的经验中获益匪浅。而且在这里，我还意识到传统技能与矩阵化内部环境给团队与技术运营带来的束缚，以及云计算将给这一切带来的转变性影响。

　　我对当初的一切都还记忆犹新，记得我们的具有 AWS 经验工程师数量达到临界点的时间，记得多个工程师团队因为云计算带来的新的想法而兴奋不已的情景，也记得云计算为他们打开创新大门时赢得的赞叹。相比之下，再次回顾原本的内部工程技术与基础设施实现方案——经常是各部门孤立拥有，只为自己利益的——我们几乎无法想象要怎样在这重重约束之下领导团队获得成功。

　　2014 年，我们刚刚对本地基础设施进行了一番大规模合并，而且我个人对结果相当满意。工作进展快速，我们也获得了一定收益。那时的我，天真地以为我们终于获得了安心发展业务的喘息之机——但实际情况并非如此。必须自己运营数据中心的老理仍然根深蒂固。而我们仍然面对着技术孤立、可靠性低下、自动化难度过高、规模难以扩展、花费资金采购硬件的流程耗时费力，以及几乎无法利用内部系统进行实验等诸多难题。

　　除此之外，那时另一个最为棘手的问题是无休无止的硬件升级。这一循环过程牢不可破、重复性极高且烦琐恼人。我们需要努力完成某一存储阵列和大型系统升级项目，而后立即启动另一个同类项目。一遍又一遍，没有止境。

　　那时候，我就在想一定存在更好的方法，事实也证明了这一点。我们在第一资本美国总部的同事们就一直在利用创新实验室进行测试，希望了解 AWS 云技术及其运营模式。云计算强大的即时基础设施配置能力、安全性以及网络弹性引起了我们的高度关注。此后，那些围绕云技术长期存在的谣言与误解被一个个破除。因此，第一资本的联合创始人兼 CEO 以及全球与各分部 CIO 向我们开了绿灯——变革正式启动！

　　在当时的英国分部，我们高度依赖于外包服务，采用瀑布式流程且工程师们的技能主要集中在传统技术层面。因此，组织内部出现了一种声音，应当"一劳永逸"地解决全部问题——利用 AWS 进行全面云迁移。

但我们并没有冒进，而是选择了从小处着手的推进方式。我们建立了一个规模有限（双批萨）[1] 但经验丰富的团队，并为其中才华横溢的工程师们提供空间、支持与引导，允许他们构建起能够支持首款产品的初始云生产环境。

随着时间的推移，一个团队变成两个，两个变成更多。为了解决客户提出的问题，我们还在 AWS 云基础设施中建立多种功能。接下来惊人的成果出现了。工程师们不再身处技术孤岛，而是开始发展出共通且统一的技能与语言；此外，数据中心技能不再由少数工程师所掌握，而是快速出现了众多 AWS 基础设施开发者——他们的职能也不再局限于对数据中心硬件进行补丁修复、安装与升级。更重要的是，现在我们的开发团队能够真正解决客户问题，充分利用 AWS 构建元素，且准确了解客户的痛点所在。

我们的首个生产实例就带来了实际效果——确立了转型模式。其中包括蓝/绿部署、快速且更频繁的部署节奏、端到端日志记录与监控，以及通过管道代码对所有内容加以部署等。而这一切，都将 AWS 平台提供的弹性与可用性优势发挥得淋漓尽致。

别想太多，行动起来

时至今日，技术的演变步伐仍然没有放缓。这意味着我们必须站在巨人的肩膀上迎接第四次工业革命。而 AWS 的支持，正是大家与超级巨头们正面对抗的重要筹码。更重要的是，这是我们有史以来第一次仅仅利用几行代码就通过现成技术构建元素开发出真正符合时代需求的客户解决方案。

与此同时，请积极拥抱变革并彻底解放思想——每当你认为你遇到了一堵墙时，别忘了"您眼中的一切假设性束缚，其实都值得商榷"。

---

[1]　http://whatis.techtarget.com/definition/two-pizza-rule.

第41章

IT落地：欧洲主要公共服务供应商SGN 如何利用云推动IT现代化转型

——SGN CTO Paul Hannan

最初发布于 2017 年 5 月 9 日：http：//amzn.to/sgn-cloud-journey

"很多人认为权力下放意味着失去控制，但实际情况并非如此。如果把控制的对象视为事件而不是人，那么权力下放其实可以改善控制。"

——Wilbur Creech

在担任 Amazon Web Services（AWS）企业战略负责人期间，我有幸与众多来自全球一流企业的高管交流，了解他们如何利用最具前瞻性及创新性的方法改变自身业务。这种具有现实意义的转型需要强有力的引导，而在最近与 SGN 公司 CTO Paul Hannan 的对话中，我意识到他的能动性、热情、关于领导力的观点、转型以及组织变革思路都极具感染力。这里我要感谢 Paul 受邀撰写了这篇文章，我也相信在读过之后，各位读者朋友也产生与我相同的感受。

与众多其他行业一样，公共事业领域同样在诸多因素的冲击之下面临着巨大颠覆——包括能源结构的变化（天然气继续扩大占比，煤炭与石油则有所萎缩）、可再生能源的经济可行性日益提升、电动汽车数量急剧增加、市场新晋者激增、网络威胁恶化以及新型运营模式的涌现等。结果就是，公共事业企业必须确保技术使用方式跟上时代前进的步伐。时至今日，对"智能"电网、实时网络监控、机器人、人工智能以及分析技术的应用正在成为常态。事实上，现代公共事业及其他组织对技术的依赖性，正被越来越多地描述为第四次工业革命（见世界经济论坛）。[①]

我们的用户、利益相关者以及监管机构的期望正在以合理的方式不断提升。而 IT 部门要想回应并满足这种期望，就不得不采取与传统方法截然不同的技术提供方式。

我对权力下放的重要性深信不疑。作为一位公共事业企业的 CTO，我采用一项技术战略，旨在通过云服务的批量采用实现标准化、基础设施模式化、自动化以及编排化，从而真正将 IT 主动权下放至业务部门。

虽然这种做法与部分 CTO 以往采取的命令与控制方法有所冲突，但在我看来，我们必须为业务部门提供最大程度的便利，确保他们能够更轻松地利用技术实现价值，同时保证 IT 功能始终与组织的未来需求相一致。

18 个月之前，SGN 公司决定为业务部门的未来做出正确引导——推动云技术的大规模采用。此项举措并非 IT 部门负责驱动，而完全是以企业发展战略与经济学考量为基础。要解决董事会整理出的业务部门面对的各项挑战，唯一的办法就是采用更敏捷、更安全、更经济且更持久的 IT 服务交付方式——云计算。

从经济性或者上市时间角度来看，我们根本不可能在内部环境中自主解决定制化功能提出的成本与复杂性难题。另外，我们专注于批量、全面迁移，努力避免混合模式——这种两套运营、业务与安全体系并行运作的方式对我们来说风险太高！

AWS 企业战略负责人 Stephen Orban 最近通过一系列文章描述了云计算如何帮助 IT 部门为企业提供更大的自主权，从而真正解放业务体系的全部潜能。我对他的观点全心全意地赞同。

---

① https://www.weforum.org/focus/the-fourth-industrial-revolution.

　　然而，我同时认为云服务批量采用所带来的变革不仅局限于业务范围，而是成为我们为期 25 年的整体业务转型的重要开端。最近，我的一位好友在谈到这个话题时表示，"云计算能够在对 IT 进行梳理时，帮助人们了解其他一切流程中多年以来被掩藏起来的、效率低下的事实"。

　　因此，请不要相信任何强调云计算仅仅是一种技术项目的说法。云计算是 IT 及其他领域实现广泛转型的催化剂。因此，立足董事会层面进行自上而下的推动并提供支持就变得至关重要——更具体地讲，单纯由 IT 部门牵头的自下而上方式不足以真正发挥其潜力。

　　我将我们的云转型计划称为"点燃转型的导火索"，下面具体说明。

　　其中的原则在于，一次变革将引发更为广泛的影响，而对单一元素的更改亦将冲击其他遗留流程。我们的经验是，如果您致力于采用云技术并实施自动化最佳实践、标准化服务消费、购买而非自行构建、发挥业务与技术便携性等目标，那么整个 IT 组织都将因此发生重大转变。每个人的职能角色都会受到不同程度的影响，包括法务、采购、财务、应付账款、审计、企业风险与业务计划交付等各个部门。

　　举例来说，在我们自己的组织之内，云计算所带来的直接或者间接影响可能包括：

- IT 部门整体重组——采用新的目标运行模式，旨在将注意力由构建与运行工作转移至集中在业务直接参与与咨询身上。采用 SIAM（服务集成与管理）或 MSI（多供应商集成）运营模式。
- 显著提高安全性水平——采用多项安全最佳实践，包括零接触、零信任、零修补以及不固定等。
- 新的业务合作方式——业务部门将能够在无须 IT 部门参与或控制的前提下交付 IT 解决方案，这彻底改变了双方的合作关系。以业务为主导的项目拥有更强的持续业务支持、参与问责保障能力。
- 随着入门门槛的降低，我们能够以更具经济可行性的方式对新的商业投资与项目进行试验及采用，从而推动运营与业务创新。
- 法务与采购重点的变化——摆脱预定的冗长的书面合约，接受标准化且通常不可谈判的条款与约定。

- 关注从购买到付款的整个付费周期，供应商支付的延误会给计算资源与云环境带来服务可用性风险。如果未及时支付账单，您的服务会即刻下线！
- 新的财务模型——摆脱 IT 资本支出，迎接运营费用支出。您的财务与税务团队需要深刻理解这一点。
- 立足董事会层面追踪新的企业风险，例如数据驻留问题。

以上提到的，只是采用云服务有助于实现的一系列企业内广泛变革中的一小部分。每家企业都拥有独一无二的机遇与挑战，但如果要将我们截至目前的云转型之旅总结成一句话，那就是：您的云项目应该与企业战略保持一致，让它们成为企业独一无二的指导文件。一切可能对企业战略实现产生积极影响的项目都应该经过深思熟虑并有明确的定义描述，这样才能得到企业高层的应有重视。

此外，我还强烈建议您与云服务供应商合作并建立互利关系。这一合作的实质，在于帮助大家消除采用新型技术方案带来的风险，同时真正从投资中获取最大收益。很明显，以往彼此对抗的客户供应商对接模式已经无法适应时代的发展。

云服务的采用将成为组织内一切变革推动者们实现新型工作方式、新的商业模式以及实施最佳实践流程的有效手段——在这里，我预祝大家转型之旅愉快，同时也再次提醒您：千万不要把云采用视为单纯的 IT 项目！

第42章

利用基于云的敏捷性应对灾难：美国红十字会故事

——AWS 企业战略师 Mark Schwartz

最初发布于 2017 年 12 月 19 日：http：//amzn.to/red-cross-disaster-agility

在我们讨论云环境中的企业敏捷性时，大家往往首先会想到通过 DevOps 或者其他敏捷软件交付方法加以实现——即快速提供基础设施、加载已部署软件、从用户处快速接收反馈，以及即时实现规模伸缩的能力。然而，软件敏捷性，实际上只是企业能够立足云端实现的敏捷性之一。

自 2017 年 8 月 25 日开始，飓风哈维袭击了得克萨斯州海岸，并给休斯顿地区带来近 52 英寸的积水以及高达 1800 亿美元的损失。[①] 美国红十字会迅速部署了数百名志愿者开设避难所并发放食物，借以帮助那些因灾害而受难的民众。最终，红十字会与各合作伙伴通过紧急避难所解决了 41.4 万人次的住宿，提供了 450 万顿餐食，同时分发了 160 万件救济物品。在公众慷慨的资助下，红十字会还在两个月内为受影响最严重的 57.3 万人提供了 2.29 亿美元的直接援助。[②] 事实上，哈维飓风并不是 2017 年秋季打击美国的唯

---

①   Kimberly Amadeo，2017 年 9 月 30 日，《关于飓风哈维的事实、破坏与成本》，The Balance（网站）https://www.thebalance.com/hurricane-harvey-facts-damage-costs-4150087.

②   2017 年 11 月 2 日，美国红十字会博文，《飓风哈维响应录：两月纪》http：//www.redcross.org/news/article/local/texas/gulf-coast/Hurricane-Harvey-Response-At-2-Month-Mark.

一灾难。就在哈维登陆得克萨斯州的 45 天之后，红十字会又应付了另外五起大型自然灾害——包括伊尔玛、玛丽亚与内特 3 个接踵而至的飓风侵袭。

为了对不可预知的灾难做出迅速反应，红十字会需要确保自身始终具有充分的任务执行敏捷性。然而，飓风哈维的侵袭对红十字会的适应能力提出严峻挑战：大规模破坏与有限的援助资源使得红十字会的呼叫中心很快被来电淹没。为了快速解决问题，红十字会联系了 AWS 合作伙伴网络（APN）[①]成员 Voice Fundry[②] 公司——Amazon Connect[③] 服务的技术实施专家。

Amazon Connect 是一项基于云的自助服务，其底层技术与亚马逊全球客户服务体系完全相同。在 48 小时之内，新的呼叫中心即正式上线，亚马逊公司的员工也开始接听来自 3 个受害地区的呼叫，旨在为常规红十字会志愿者呼叫中心提供助力。在呼叫峰值于两周后逐渐消退时，亚马逊呼叫中心也随之下线。

正是凭借着这种出色的企业敏捷性优势，红十字会的快速响应能力才得以成为现实。其能够在灾难发生时快速动员并集中资源，并深刻理解如何充分发挥 APN 合作伙伴的技术经验与潜力。与敏捷软件交付一样，此次胜利也源自一支规模不大、但却跨越多个实体的跨职能团队。

在这个案例中，团队由 3 位 Voice Foundry 专家组成。他们以每天两轮通话的方式从红十字会、Voice Foundry 以及亚马逊公司处获取协助。该团队在一夜之间即建立完成，并于第二天一早即着手分析并重新调整电话路由规则，同时培训亚马逊运营人员以处理这些情绪激动的来电。他们的重点，在于建立一套能够快速实现价值且具备最小可行性解决方案（minimal viable solution）。而且根据 DevOps 最佳实践流程要求，其核心任务是由团队将各志愿者呼叫中心快速持续集成至单一呼叫路由系统之内。在 48 小时的新呼叫线路设定周期内，该团队建立起新的呼叫中心、建立路由规则，同时对新

---

① 　https：//aws.amazon.com/partners/.

② 　https：//voicefoundry.com/.

③ 　https：//aws.amazon.com/connect/.

的操作人员进行培训——相比之下，以往建立同等规模的呼叫中心通常需要 4～5 个月。

对我而言，此次活动最大的意义不仅仅在于以极快的速度建立起呼叫中心，而是我们能够以同样迅速的方式将其移除。在需要时，服务体系快速建立；在达成目的后，体系则快速被拆解。正是这种强大的弹性，使得云基础设施成为敏捷性的强大驱动力——更重要的是，我们完全可以将这种弹性全面引入整体业务流程！我认为这正是当前云计算的核心优势，我们甚至可以利用经过预先训练的机器学习模型在短时间内支撑起新的经营方式。

在谈到真正的组织敏捷性话题时，我不禁想到 Hess 公司 [1]，其意识到需要迅速剥离一部分业务。通过将业务迁移至云端及 AWS 平台之上，这家能源企业得以在短短 6 个月之内快速将 IT 资产移动至多个收购对象中。

还有医疗保险与医疗补助中心（CMS）[2]，其在 healthcare.gov 网站上线后快速在 AWS 上开发出 3 款新产品，且没有出现任何可扩展性或响应性问题。

路易斯安那州的监狱管理部门 [3]，需要提供给犯人们严格控制的互联网访问，从而确保他们能够在出狱之后继续与社会接轨并开始新的工作与生活。他们打造的解决方案，就是以亚马逊提供的虚拟桌面 Workspaces[4] 为基础。

每一个案例都说明了组织要如何利用云计算在严苛的环境下实现新的敏捷性。但在这之中，红十字会利用云资源迅速扩大业务规模，从而应对飓风哈维带来的特殊问题、提升救灾能力并减少相关工作量的例子无疑最具代表性，也最能体现云计算为敏捷性带来的有力支持。

---

[1]　https：//aws.amazon.com/solutions/case-studies/hess-corporation/.

[2]　https：//aws.amazon.com/solutions/case-studies/healthcare-gov/.

[3]　https：//aws.amazon.com/solutions/case-studies/louisiana-doc/.

[4]　https：//aws.amazon.com/workspaces/.

第43章

永远不要被未来所困扰——我的云迁移之旅

——AWS 公司欧洲与中东市场企业战略师 Thomas Blood
最初发布于 2016 年 11 月 14 日：http: //amzn.to/embrace-cloud-future

"永远不要被未来所困扰。能够在当下帮助您的理性武器，也足以帮助您面对未来。"

——Marcus Aurelius

您打算怎么止损止血？这是个令人头痛，但又不得不面对的问题。

我们的某个业务部门经历了连续数月的收入下降，显然必须想办法解决问题。会员数量达不到预期，客户体验需要改进，网站不像我们预期的那么稳定可靠。另外，新功能与产品的发布周期也太过漫长。

以上就是我在一家名列伦敦金融时报英国富时 100（FTSE 100）的公司任职，管理全球营销技术与网络工作时面临的实际问题。如今的我拥有超过 20 年的技术从业经历（自万维网出现以来），我觉得我必须得为此做点什么——即使只是提提建议也好。我开始与一位业务主管组队，共同研究出现这些状况的根本原因。

接下来，我们得出了几条明确的结论：

（1）虽然商业模式已经发展了十多年，但其配套技术却没能跟上节奏，且勉强支撑着大量原本根本没有考虑过的应用需求。

（2）业务优先事务清单中并没有任何与不断增加的技术债务及技术转型实施相关的内容。

（3）平台与技术债务的复杂性因素在开发流程中引发大量意想不到的问题，并带来一系列错误、中断与计划外工作。

（4）为了应对这些不断增长的压力，企业投入大量精力执行质量保证工作，并将已经延后的发布计划再次拖延数天或数周。

（5）总体而言，上述现实严重阻碍了企业的交付能力。新产品需要数月的开发与测试周期，并导致业务部门每年只能向市场推出两到三款产品。

这套系统多年以来创造了巨大收益，并立足多个领域进行了高度优化。我们曾经考虑重构现有平台，但之后很快意识到要对遗留系统进行有效改造，至少需要数年的时间。考虑到优先级排序与预算限制，这显然是一项不现实的任务。

因此，我们提出了一项开荒计划，即利用 Amazon Web Services（AWS）建立一套云原生平台。这将为新产品及方案带来更快的上市时间，同时继续满足现有功能需求。最初，业务部门的高管团队及全球首席信息安全官（CISO）对我们的提议感到惶恐不安。因此，我们以非常谨慎的态度澄清假设、说明能力并降控风险。最终，领导层做出批复，允许项目进行。

为了尽可能限制业务风险，我们建立起一支小型跨职能团队来开发功能原型，借以证明新方法的有效性。我们得到了 90 天的资金和主要是免费的人手，在合规性与安全性要求下对问题做出快速决策。

90 天之后，我们团队的 13 名成员展示了原型方案。我们不仅能够切实满足业务需求，同时亦可在数分钟内构建并发布简单功能并完成错误修复。我们还为业务部门开发出一系列此前需要 IT 部门介入才能实现的自助性功能，这充分证明我们已经成功将新产品功能的构思、开发与发布周期由原本的数周乃至数个月，快速缩短至数天或者数周。我们甚至第一次能够在无须对数据中心进行过度配置的前提下，快速扩展资源需求。

在取得初步成功之后，我们获得了额外的资金支持以及更为宽松的时间表，用于进一步扩展服务与能力。我们的路线图主要关注客户吸引、客户服务、客户支持以及持续沟通等议题。我们也有意创造额外的自助服务功能，使得企业能够直接管理产品体验。最后，我们希望将基于 DevOps 理念的平台扩展至企业整体，从而确保开发人员能够更好地开发、维护及增强产品与功能。

在此之前，企业中没有任何员工拥有足够的 AWS 技术经验。在实践过程中，我们意识到原始团队的成员最终将建立起一支长期的平台技术团队，专门负责各类自助服务基础设施工具的创建，具体包括对系统进行构建、测试、部署、扩展、管理以及维护。在对原型方案进行部署的几个月中，这支团队收到来自多个其他业务部门（甚至包括跨地区部门）的协助申请，而目前它已经稳步转化为我们的云卓越中心。

在满足内部需求的同时，我们还得到更多附加性的回报。举例来说，我们发现现在我们对开发及运营成本有了更为细致的理解，也更熟悉如何进行产品运营。我们能够利用指标对各项性能及成本进行独立优化。我们的安全运营能力也得到增强，能够对由信息安全团队确定的、通过可复用自动化方式解决的问题进行修复。此外，业务运营也得到易于使用的可扩展框架及自动化流程的有力支持与优化。最后，技术变革也创造了新的探索机会与沟通方法，使得更多员工参与到敏捷实践中，并通过对创新及实验的强调激发出新的企业文化。

我们进军云计算的探险旅程取得了初步成功，借此整理出一份基于迁移四大采用阶段的导航图，可供其他团队与业务部门参考。当然，这段旅程并不轻松，有很多工作我们处理得并不理想。但是，回顾这长达两年的转型过程，我真正意识到迁移至云端的重要战略意义。我认为，Amazon Web Services 已经成为我们重要的力量放大器，足以帮助众多利益相关者实现那些在他们看来原本"过于激进"甚至"根本不可能"的目标。

正因为如此，我最终才决定加入 Amazon Web Serivces 并担任欧洲、中东与非洲地区企业布道师。我在德国长大，并在那里完成了高中学业。25 年之后，我期待着能够带着自己的使命重返欧洲。最让我激动的是，我将思考并规划如何开发流程与技术，从而真正解锁那些从未被实现的潜力——包括提升业绩表现、改善客户满意度以及简化员工的日常工作等。多年以来，我们一直在 IT 决策与 IT 投资的怪圈中挣扎，即不断重新审视各类解决方案，想办法提升其效能并降低其成本；但如今，随着云服务的出现，我们能够将精力真正集中到对业务的持续改进甚至重新发明身上。AWS 在帮助我们为客户提供优质服务方面带来的不仅是协助，更是一波颠覆性变革。而我希望能够将同样的能力带给更多朋友。

因此，也请大家随时与我们联系，与我们分享您转型之旅中的点点滴滴。您希望 AWS 以怎样的方式帮助您实现发展愿景？您需要依托怎样的前提才能够放心大胆地将企业业务迁移至云端？请让我听到您的声音！

第44章

商业部门为何有必要从政府IT身上学习（反之却不然）

——AWS 企业战略师 Mark Schwartz

最初发布于 2017 年 10 月 26 日：http://amzn.to/commercial-sector-learn-from-government-IT

　　在加入 AWS 公司之前，我曾担任美国公民与移民服务局（USCIS）[①] 的 CIO 职务。移民局是美国国土安全部（DHS）[②] 下辖的 15 个业务组成部门之一。这是我第一次，也是唯一一次进入政府部门——在此之前，我一直在商业企业中担任 CIO 与 CEO 等职务。那么，我为什么一下子开始担任公职了？答案很简单，当时我正在考虑自己的下一步发展方向，又碰巧读到一篇关于国土安全部这一由多个职能部门组成的机构面临 IT 挑战的文章。在经过深入了解之后，我被这些现实问题所深深吸引。我喜欢攻克难题，我自然也希望帮助政府机构 IT 更上一层楼。

　　实际上，这道题真的非常困难。国土安全部面临着所有困扰着联邦官僚机构的难题，其中还涉及一系列用于控制下辖各子机构的政策与程序。由此带来的结果，就是组织本身对于变革抱有强烈的抵触情绪（当然，这只是种

---

① 　https://www.uscis.gov/.

② 　https://www.dhs.gov/.

无意识的抗拒），且仍然坚持使用早已过时的 IT 方法。

不过在任职期间，我们仍然成功将移民局的业务迁移至云端，同时广泛推动 DevOps 实践，并在局内建立起以用户为中心的设计方法——即从客户需求出发，一步步逆推至功能设计。如此一来，我们成功将代码发布频率由每 6 ～ 12 个月一次，提升至每周多次甚至一天多次。在此过程中，我们通过云迁移将基础设施成本降低了 75%，改变了组织文化，并帮助更多员工掌握了大量新技能。

为了实现上述目标，我们必须在诸多方面进行创新，包括建立新的质量保证、安全、项目监督与采购方法。我们甚至还发布了效仿网飞公司"混沌猴子"①的国土安全生产环境，以确保我们的系统始终拥有出色的韧性水平。

与 AWS 客户合作的次数越多，在大会与演讲中与观众的沟通越透彻，我就愈发意识到我们在改造美国政府机构业务体系时所面临的问题，其实与每家试图推动 IT 转型的私营企业并没有太多不同。是的，转型的本质意味着其必然面临组织内的一系列阻力。无论转型工作发生在政府内还是企业中，都代表我们将面对来自各利益相关者的官僚主义思维、组织政治以及相互冲突的要求，为不同环境建立对应的监督机制、预算限制、合规性要求、原有习惯、新技能缺失以及成员对文化变革相关影响的担忧等问题。

而政府机构更像是一种实验室环境，其中充斥着各类问题的极端体现。另外需要强调的是，我们 IT 领导者所做的一切，都需要经过新闻界、国会、政府问责办公室（GAO）、管理与预算办公室（OMB）、各位检察长、巡视监察员以及最终一环——公众——的追踪与评判。对于问题解决者而言，这样的环境实在是极具挑战性：毕竟我们为文化转型而设计的任何解决方案都必须万无一失、经得起推敲，且足以克服种种现实制约。另一方面，由此产生的任何影响都会被放大并产生明显的后果。

---

① https://netflix.github.io/chaosmonkey/.

在之前的博文中，我曾经讨论过一些在转型中学到的经验，包括相关团队如何说服并改变那些官僚们。在我的两本书——《商业价值的艺术》①与《一席之地：敏捷时代下的 IT 领导力》②中，具体对其中部分思维做出了阐述。不过在这篇文章中，我只想单纯强调一些在变革难度极大的环境中行之有效的管理思维方式。

建立愿景。在变革难度较高的环境中，总会出现断续的起步、挫折与令人遗憾的妥协状况。其中最大的风险，在于挫折状况的存在可能令员工们迷失方向——导致转型工作最终变成一大堆混乱且毫无完整性可言的零碎措施。因此，领导者必须通过建立并维持有力的、明确的、令人信服的愿景来避免这种情况。更具体地讲，我们需要为转型的推进方向设计出生动而有说服力的描述。请注意这里的"维持"一词：实际上，您也可以将其理解为"维护"，因为我们不可能只是在项目开始时一次性完成愿景设定。正如 AWS 公司全球企业战略负责人 Stephen Orban 在第 13 章中所提到的，愿景必须尽可能得到频繁的增强和补充。

逐步推进。为了平衡这种强制的、毫不妥协的愿景，组织必须逐步推进以实现小规模的增量性成功。无论面对怎样巨大的阻力，转型工作都必须从第一天起就朝着正确的方向发展。当然，正确发展并不是说必须召开无穷无尽的会议或者拿出大量演示资料。不要执着于理论，大家应更多强调具体行动带来的直接结果。我们总会问："我们能通过完成哪些小事来立刻推动愿景的实现？"愿景可以宏大，入手处必须细微。

鼓动与观察。我很喜欢这样的表达，这种说法来自 Christopher Avery 的一篇文章（其中提到他也是借鉴了别人的表述）。正如敏捷方法会推动检查与适应机制一样，在高难度环境下实施转型同样需要股东与观察。在着手尝试并看到实际结果之前，我们往往并不了解自己会遭遇哪些阻碍。此外，在实际操作之前，我们也无法确定变革是否比预期的容易，变革的结果是否与

---

①　https：//www.amazon.com/Art-Business-Value-Mark-Schwartz/dp/1942788045.

②　https：//www.amazon.com/Seat-Table-Leadership-Age-Agility/dp/1942788118.

预期相符。因此，最重要的是以慎重的方式进行鼓动——即以能够产生最大学习效果的方式激发员工们的能动性。

　　我希望这些方法能够帮助大家在自己的转型旅程中顺利起步，走得更快更远。我对这些方法抱有信心——因为它们已经在政府环境中得到了充分验证！

第45章

不要在迁移道路上孤军作战——记得使用组队系统

——AWS 企业战略师 Philip Potloff

最初发布于 2017 年 8 月 22 日：http：//amzn.to/dont-fly-solo-cloud

Edmunds.com 向 AWS 全面的迁移经验

伙伴系统的概念已经拥有数十年的历史，并越来越多地渗透到生活的方方面面，包括学校、工作与探险等。无论是刚刚入学的新生与高年级学长学姐配对，还是空军飞行员及其僚机间的协作，甚至是周末潜水运动中的相互关照，大多数伙伴系统都面向两大目标之一——要么以彼此支持的方式保障安全（通常体现在运动或者其他具有危险性的活动中）；要么是在协作中由经验丰富的伙伴向新人或新手提供培训与指导，从而避免各类可能遭遇的陷阱，并显著提升进步速度与执行信心。

就个人而言，在 2012 年我以 Edmunds.com 网站（北美最大汽车购物网站之一）CIO 的身份开始引导企业全面进行云迁移时，如果谁拥有一位"云伙伴"将有助于消除各类焦虑与担忧情绪。

但与如今不同的是，当时我们很难找到来自其他成功迁移企业的伙伴系统资源。必须承认，成规模的全面上云的参考案例（包括网飞在内）、托管迁移计划或者成熟的咨询合作伙伴生态系统能够让整个迁移之旅更加轻松悠然。而当今的企业无疑有福了，丰富的人员、流程与技术方案意味着他们不必像当初的 Edmunds.com 一样孤军作战；此外，这还意味着相关组织能够借助专业知识的力量加快云采用，同时最大限度地节约成本并提升全方位战略的可行性。

作为一位冲浪爱好者，我向来喜欢享受一个人的冒险时光。但如果前往一片陌生的海域，我还是会寻找一位理想的伙伴——他应该熟悉这里的环境，能够在我动身之前提供重要的参考信息，包括珊瑚礁有多浅？有鲨鱼吗？什么潮最好？在听取相关建议之后，我的焦虑情绪会得到极大的缓和，而整个冲浪体验也会变得更加美好。

我最近结识了一群前任 CIO，他们在 AWS 公司组建起企业战略团队。我们的目标是帮助企业客户的技术高管们思考并制定其云优先战略，具体方法包括发明并简化新的迁移方法，并充分利用原有知识积累加快项目进度（当然，经验的积累永远无法速成）。作为前任 CIO 兼 AWS 客户，我们领导了我们的云迁移，也已经帮助众多企业进行了云迁移，并在过程中帮助这些规模不同、行业各异的组织完成了自我重塑。在我看来，迁移之路与我在新海域冲浪体验非常相似——来自伙伴的提示与建议永远宝贵且重要。

回想起来，Edmunds.com 网站的迁移过程给了我 3 个重要启示；而且尽管我们在 2016 年提前关闭了最后一座 Edmunds.com 数据中心，但整个迁移之路仍然高度契合云"采用阶段"的描述。相信大多数企业如今也都在经历这些阶段。

我们将完全放弃高性能数据中心

事实上，这样的说法并不确切。作为 CIO，当时我的主要目标是提供始终领先于业务需求的技术能力。在走向云迁移之前长达 7 年的过程中，我们一直不知疲倦地努力开发更为高效的基础设施运营与 DevOps 实践。虽然我们能够每日自动发布新功能并实现前所未有的可靠性，但这种效率往往以牺

牲业务为代价。这种成本源自将越来越多的有限内部资源（包括私有云与
DevOps 工具集）用于支持代码，而余下的部分则很难支持面向客户的应用
程序编程（包括新的客户功能与服务）。我们需要一种新的模式以增加对客
户代码的比例和支持，同时保证无须牺牲任何功能。

2011 年和 2012 年兴起的云计算势头带来了一种替代性方案——凭借着
巨大的规模，AWS 公有云能够提供更强大的基础设施与竞争力更强的服务价
格及服务水平。不过当时的情况并不像现在这么明朗，很多新闻报道宣称云
计算的成本比内部环境更为昂贵，且可靠性也不够理想。网飞公司早期采用
AWS 的案例虽然有力地证明了规模更大、更为成熟的企业完全能够在云环境
中运行其关键业务，但当时，我们无法将网飞的情况与 Edmunds.com 的实际
需求进行直接对标。

由于没有可供交流的伙伴系统迁移资源，同行参考就成了我们当时唯一
的指望——他们的经验能够帮助我们真正将经过验证的云采用模式运用起来。

由于缺乏相关知识，我们分两步建立起自己的商业案例——而这也成为
越来越多企业云迁移工作的标准实践：

（1）建立概念验证项目，以证明我们的关键运营负载在云环境中运行的
可行性。

（2）一套可经受起时间考验的全面云运营财务模型，且提供概括性资料
以证明其至少与当前基础设施成本支出相等（或者更低）。

事后看来，将 Edmunds.com 核心网站的完整版本用来证明云可行性
并不是最快或者最简单的概念验证选项。然而，经过近 6 个月的实验与试
错，最终企业内部几位反对态度最强烈的专业工程师也认同，云环境确实是
Edmunds.com 无可辩驳的最佳运行平台。如今，AWS 以及优秀的系统集成
商已经建立起伙伴生态系统及相关解决方案，包括登陆区 [1]（Landing Zone，
属于 AWS 云采用框架 [2] 中的组成部分），旨在显著提升商业案例的迁移速度。

---

[1]　https://www.slideshare.net/AmazonWebServices/aws-enterprise-summit-netherlands-creating-a-landing-zone.

[2]　https://aws.amazon.com/professional-services/CAF/.

　　我们对结果感到非常满意，也能够借此更深入地了解云计算的经济效应。到这个时间点上，我们还没有发现可通过云原生架构实现的巨大生产力飞跃——不过我们至少已经可以肯定，面向云端的全面迁移不会对企业业务造成破坏。

　　开发财务模型是另一个令人生畏的重大挑战。这套模型必须真实，即尽可能避免任何存在乐观倾向的假设。我们以往的模型已经尽可能高效节俭，因此我无法判断接下来的运营费用到底会增加还是减少。在经过一个多月的分析之后，我有点惊讶——通过一套相当保守的模型，可以看到在完成为期两年的 AWS 迁移计划（主数据中心的租约也将同步到期）之后，我们不仅能够适当降低运营开销，每年还能够在设备采购的资本支出方面节约下数百万美元。而且需要强调的是，这一切的前提是我们单纯只对工作负载进行"直接迁移"。至此，我们已经确信这一周期内的运营支出将大幅降低，但我们却不知道该如何提前加以证明。

　　在积极财务模型与强有力概念证明结果的共同作用之下，我们对 CEO 的演讲受到了热烈欢迎并获得了广泛认同，而他也迅速批准了我们提出的 AWS 迁移建议。

　　这里我要承认自己犯下的一个错误：在整个迁移过程中，我过分强调节省现金流的重要性。事实上，我差一点彻底忽略了由资本转化为运营支出的积极意义（将此视为获得批准的前提）；相反，我将主要精力集中在具体的现金流节约数字身上。但结果证明，运营支出全面转化所带来的可预测性对于 CEO 而言更为关键。

　　整理并总结商业案例资料以及对云成本节约进行深度预测的能力已经成为 AWS 云经济学团队 ① 的主要工作。但在那时，该团队（主要负责帮助客户利用经过验证的技术进行迁移以及总体拥有成本建模）还没有建立。时至今日，凭借着从无数次迁移中提取出的数据，AWS 云经济学团队得以提供大量出色的早期云迁移指导资料，这些资源能够帮助企业客户对服务器利用率及

---

　　①　https://aws.amazon.com/economics/.

劳动力节约成效进行量化与预测，并将相关生产力作为商业案例中的重要组成部分。

我们真能闯过这一关

虽然说得云淡风轻，但整个迁移过程实际上危机四伏。毕竟任何与应用程序以及系统相关的项目都面临相当大的风险，而且系统后端增强造成延迟或者服务中断从来都是严重的问题。不过一旦应用程序及数据迁移完成，大家就会意识到最大的组织性风险并不在于服务中断或者性能问题，而在于迁移期间——被卡在迁移中段无法动弹，这将对云总体拥有成本模型造成严重影响，甚至会破坏企业的长期事务优先级。

正如我之前所提到的，在云迁移当中尽早找到"好搭档"是非常重要的。AWS 迁移加速计划（MAP）[①] 等项目，或者以 AWS 数据库迁移服务（DMS）[②] 为代表的各类工具代表着广泛的示例性素材与高质量的伙伴系统资源，其能够帮助大家避免我们在 Edmunds.com 迁移期间遭遇过的诸多挑战性难题。

这些资源总结自无数次客户迁移的实践经验，而各项目与工具也包含一份广泛的、经过验证的迁移模式清单，足以帮助大家顺利完成从甲骨文到 Amazon RDS 托管数据库服务等难度高、影响大的迁移任务 [③]。

在实践过程中，我们同样学到了一些有价值的经验。而且我坚信，这些心得对于任何一个希望顺利完成云迁移旅程的企业都至关重要。

（1）对初始迁移方针进行调整，并不代表着架构错误或者项目失败。 您的云迁移策略需要配合灵活的指导性方针，从而适应云敏捷性以及您在云采用过程中新发现的经验教训。在对 Edmunds.com 进行迁移时，我们原本只打算使用核心计算（EC2）与存储（S3、EBS）两类资源。但这样的

[①]　https：//aws.amazon.com/migration-acceleration-program/.

[②]　https：//aws.amazon.com/dms/.

[③]　https：//aws.amazon.com/rds/.

决定显然是因为我们对 Amazon RDS、Amazon CloudWatch① 以及 Amazon DynamoDB② 等高级 AWS 服务缺乏了解。我们很快意识到这些新的云原生服务所能带来的集成化与成本优势，包括帮助我们将更多精力集中在客户代码上的能力。如今，Edmunds.com 所使用的 AWS 服务数量已经接近 40 种。

（2）**在重构决策中采用双周规则。**我们最初制定的是为期两年的迁移计划，同时配合灵活的指导方针，旨在更乐观地看待重构工作；不过考虑到数据中心的租约期限，两年是我们能够接受的最长迁移周期，因此直接迁移就成了默认的转型方案。但在整体迁移完成之后，我们的团队又制定出新的双周规则，且一直沿用至今。具体来讲，只要能够在两周时间之内对堆栈内的次优级组件或者服务进行重构，就需要进行重构并加以迁移。举例来说，基于 NFS 的共享存储架构在重构清单中的优先级很高，但不符合双周规则，因此我们将其安排在迁移窗口的后期。而负载均衡、缓存、操作系统分发以及 DNS 等要素的重构工作，都是通过双周规则在迁移期间内提前完成的。

根据实际迁移时间表或者开发周期，大家可能希望采用不同的周期设定。但对于 Edmunds.com 来说，两周确实是最理想的一次冲刺时长。在这方面，我向大家推荐 AWS Discovery Service 应用程序发现服务③，各系统集成商合作伙伴能够帮助企业客户发现并确定依赖关系最简单、因此最适合进行直接迁移或者重构的应用程序对象。此外，大家现在还可以通过刚刚发布的 AWS 迁移中心（AWS Migration Hub）④ 对迁移状态进行追踪。建议参考 AWS 全球企业战略负责人 Stephen Orban 撰写的"将应用程序迁移至云端的 6 项策略"（第 6 章）一文，这篇精彩的文章为您准备了一套出色且相当实用的执行结构。

（3）**您不需要放弃现有团队，而雇佣一支由"外援"构成的全明星云团队。**Edmunds.com 网站并没有专门为云迁移工作聘请一位员工——更不用说"云专家"了。我从中总结出的经验是，只要建立起明确的领导方式以及类似云

---

① https://aws.amazon.com/cloudwatch.

② https://aws.amazon.com/dynamodb.

③ https://aws.amazon.com/application-discovery/.

④ https://aws.amazon.com/migration-hub/.

卓越中心的清晰目标及关键结果要求，迁移工作就足以顺利开展。我们的云迁移团队负责人 Ajit Zadgaonkar 最初实际上是以自动化测试团队（SDET）负责人的身份加入公司的。值得庆幸，他的团队已经拥有与运营团队合作进行自动化配置与持续集成与交付的经验。Stephen Orban 在第 15 章"您已经拥有能够实现云转型成功的人才"中对这一议题进行了阐述。另外，大家还需要完成一项两难选择：是信任对现有业务环境一无所知的外来云计算 / DevOps 工程师，还是支持对关键应用程序的依赖关系、流程及业务要求具备明确认知的现有团队。我的另一位同事 Jonathan Allen 在根据他在第一资本公司的现有团队进行云计算培训的经历总结出了宝贵的心得。

正确培训员工以及正确建立新的文化，在重要程度上丝毫不亚于您做出的技术决策。因为这将使得内部伙伴系统始终与迁移工作的进展保持一致，同时逐步将影响力扩展至组织内的更多应用中。

庆幸没把自己的未来搞砸

第三项，也是最后一项启示，源于我在完成云迁移后在组织内出任的新职位和以此获得的新立场。在完成 AWS 迁移工作后不久，我就从 COO/CIO 转职为 Edmunds 的首任首席数字官。肩负这一新的职位，我负责开发下一代广告平台并为公司带来新的商业模式——包括在线汽车零售与消息应用程序。当然，我从提供云服务转为消费云服务。回顾整个过程，我自己绝对是要求相当严苛的客户！

在所有应用程序及数据都按计划如期迁移至 AWS 之后，Edmunds.com 得以将 IT 支出削减达 30%[①]。而通过云原生架构（包括自动规模伸缩、微服务以及按需计算等）对堆栈内各组件进行优化或者重新规划，或者利用特定 AWS 服务直接替换某些组件，我们的团队进一步取得了更理想的成本节约效

---

① 　https：//aws.amazon.com/solutions/case-studies/edmunds/.

果。必须承认，新团队目前所使用的很多技术性举措都与我们当初进行 AWS
迁移时完全不同，这一点在无服务器架构方面体现得尤为明显——其正在彻
底改变云环境与内部部署方案之间的成本比较方式。

AWS Lambda[①]、AWS Elastic Beanstalk[②]、Amazon Kinesis[③] 以 及 AWS
Glue[④] 等新型 AWS 服务是我们永远无法依托于 Edmunds.com 的内部资源开
发完成的，而其正在以前所未有的方式为客户提供新的功能。展望未来，数
据中心与云计算在功能实现能力方面的差距还将进一步加大。举例来说，机
器学习正逐步成为主流，而人工智能的技术应用方式与普通的网络应用截然
不同。因此，大多数组织已经意识到其不可能坚守内部环境建立起必要的强
大技能与专业计算能力。

我们的目标在于帮助您步入正轨，确保您能够集中精力探索自己的技术
与业务的重塑之道。

与此同时，您应尽可能利用伙伴系统为迁移工作提供助力，并快速启动
尽快完成云迁移的工作。在此之后，您将能够显著减少基础设施支持及维护
的工作量，进而利用云原生服务交付更多面向客户的业务性代码。

千里之行，始于足下。

---

①　https：//aws.amazon.com/lambda.
②　https：//aws.amazon.com/elasticbeanstalk/.
③　https：//aws.amazon.com/kinesis/.
④　https：//aws.amazon.com/glue/.

第46章

决定一切的不是策略而是文化：Friedkin 向指数增长IT与高度多元文化的迈进之路

——Friedkin Group CIO Natty Gur

最初发布于 2017 年 3 月 16 日：http：//amzn.to/friedkin-xiot

长久以来，我一直坚信以指挥与控制为主要职能的 CIO 及中央 IT 角色将逐步消失，取而代之的是新的业务线支持类职务。事实上，我也看到以亚马逊为代表的企业正在朝着权力去中心化、通过文化和最佳实践为团队赋予自治权等方向迈进。毫无疑问，重视产品上市时间并放松对产品一致性的要求，这种趋势将至关重要。

我曾和 The Friedkin Group 公司 ① 的 CIO Natty Gur 进行过一次深入讨论，当时的主要议题就是他们的文化转型之旅。Natty 在打击恐怖主义方面的专业背景使他成为技术圈中的"异类"，但从我的角度看，这也赋予了他对上述趋势独一无二的观察视角。这里，要感谢他慷慨地同意我转述他的观点。

公有云转型的一大核心驱动因素在于敏捷性，即为企业客户提供更快、更可靠的服务。但云服务的意义是否仅限于此？这到底只代表着一波技术转型，还是说需要对企业文化进行整体转换？

---

① https：//www.linkedin.com/company-beta/46754/?pathWildcard=46754.

回顾以往的经历，我发现自己一直在为全球领先的反恐组织之一提供 IT 服务。在开始与其进行合作时，他们正身陷困境——他们无法阻止甚至减少自杀式炸弹袭击者的破坏活动。在很长一段时间之后，反恐组织才意识到自己的失败源自敌人的内在变化；敌方的结构已经由一个集中的团体转化为涉及数千个没有联系的恐怖小组。这些小组抱有相同的目的：摧毁他们所在的国家。在理解了这一点之后，反恐组织做出了特别的决定：采用与敌对方相同的结构与运营方式；将典型的组织孤岛拆分为大量小型混合团体，每个团体都拥有来自旧有机构的专业知识，因此能够达到明确的目标。除此之外，这些团体还建立起完全自治与完全授权的管理体系，这意味着其能够随时获得执行当前任务的权限，从而帮助反恐组织整体达成目的。这一变化获得了成功——该组织在反击恐怖活动中取得胜利。而我们，也在过程中学习到了一项非常重要的经验教训。

孤岛一直是 IT 部门的劲敌。我在与全球各类 IT 部门协作以及担任企业架构顾问期间，对此拥有深刻的理解与体会。可以肯定的是，人们已经意识到孤岛的存在会阻止 IT 团队充分发挥自身潜力，也导致其无法为企业做出理想的贡献。

如今，大多数大型企业的主要竞争对手，同样也是抱有类似目标的成千上万互无关联的初创企业——他们的想法很简单，颠覆并接管相关行业的主导权。因此，既然国家机构能够在面对类似问题时通过改变国防力量组织方式赢得战争，企业为什么不能改变自己的 IT 组织结构与运作方式对抗这些后起之秀？

虽然恐怖组织与初创企业没什么关系，但二者确实在组织特征方面具有一些共性。首先，这些小型团队所能支配的资源往往比较有限，倾向于推动成员在团队内肩负起跨职能责任，且各位成员具备较强的自我管理能力。两者之间的另一大相似之处，在于成员之间往往相互信任。成员可能会犯错，或者提出一些看似疯狂的想法，但不会因此而受到惩罚。虽然很多朋友会觉得这样的自治方法过于极端，但效率极高的丰田生产系统之所以能够在全球范围内产生如此深远的影响，其底层基础正是赋权加信任这一组合。

随着年轻一代进入工作环境，世界也在随之发生变化。每一代新人都对工作抱有不同于以往的预期，每个人也都坚持着与前几代人不同的价值观。作为领导者，我们有责任确保组织对下一代人才仍具有吸引力，并以此为基础实现持续成功。因此，大家不妨审视所在组织的当前结构，并考虑其是否能够吸引到下一代人的关注？

混合团队的成功、IT 孤岛正在逐步瓦解的事实、对信任及赋权机制的理解，以及对下一代新人的吸引力——这些因素结合起来，促使我们为自己的 IT 团队寻找一种新的运作结构与方式。

我很早就意识到，虽然我们在科学管理与等级制度身上投入了大量时间，但其最终并不能带来良好的收效。为此，我开始不断探索，并在经历了一系列令人尴尬的失败后找到了突破口——即全体共治或"合弄制"（Holacracy）。首先需要强调，尽管这一理念拥有巨大的潜力并有望引导我们走上发展正轨，但其中仍然存在大量与我们的企业文化有所冲突的因素。为此，我们对全体共治理念进行了全面调整，并开发出所谓指数增长 IT（Expontially growing IT，简称 XOIT）的新哲学。

下面一起了解 XOIT 帮助我们取得成功的几项主要原则：

首先，通过定义明确的 IT 目标来打破原有孤岛。此后，我们开始整理达成目标所需要的各项主要功能。以此为基础，我们将每种功能的构建任务分配给一个具备特定目标、特定范围（即管辖范围）以及特定责任的小组。接下来，将每个小组再次拆分为小队与具体角色，用于保证小组目标的达成。对于各个小队与角色，我们同样为其定义了目标、范围与责任等。在完成之后，我们就拥有了一个小组群，其中包含达成 IT 目标所需要的全部职能角色。在结构构建完成之后，我们开始根据员工的知识、经验与喜好为其分配角色。在 XOIT 哲学中，我们设定了一条黄金法则：每个角色与每个肩负责任的小组都必须拥有完全的自主权与自治权，借以决定如何实现对应目标。

为了确保各小组拥有完全的自主权与自治权，我们延续了经典的经理角色并将其分解为 3 个不同的角色——由 3 位员工各自充当。第一个角色负责小组的日常运作，其人选由小组长指定。第二个角色负责小组的结构与运营，即由其定义组内的其他角色——包括该角色在组内的目标、范围与责任，同时制定小组政策。此角色由全体小组成员选举产生。第三个角色负责全部人事管理工作，类似于传统的经理职位。

尽管 XOIT 哲学的核心理念在于自我管理，但维持各小组与角色的问责制度同样非常重要。这意味着各个小组皆拥有简单且可量化的指标，用以证明任何小组或角色处于发展、滞后还是维持状态。

最后，建立起一套流程，确保任何员工都能够就小组的运作方式提出新的议案，并根据议案内容对小组内各成员的影响进行实验与评判。在处理议案时，我们的核心原则在于除非小组成员能够证明该议案会导致小组目标遭受负面影响，否则必须立足现实场景进行测试。这明显是在对实验精神加以鼓励。

我们的指标、客户与利益相关方给出的反馈以及员工参与度调查，都表明 IT 组织正在迎来积极而重大的变化。当然，这并不是说我们已经获得的完美的成果——我们还有很长的道路要走，目前的一切仅仅是开始。但需要强调的是，这种新的组织与运作方式确实取得了积极的成效。

关于 XOIT 哲学的其他细节信息与最新动态，请参阅 https：// friedkingroupcio.com/.

第47章

速度与激情：云计算如何加快构建速度

——AWS 解决方案架构部门企业解决方案架构师 Ilya Epshteyn
最初发布于 2017 年 5 月 15 日：http://amzn.to/cloud-builder-velocity

在担任 AWS 企业战略负责人期间，我获得了很多宝贵的经历。在领导道琼斯这样的巨头企业进行大规模业务转型之后，我在 AWS 有机会近距离观察一些全球规模最大的企业（包括新闻集团、第一资本与通用电气）利用云技术改变自身业务。在这样的位置上，我也有机会从业内那些最睿智、最具创新精神的人们（可能来自客户，也可能来自 AWS 内部）身上学习经验。但与大家一样，我在与他们接触时，偶尔也会听到"如果早知道……"。没错，回顾过去并加以反省是重要的学习方式，下面有请 AWS 公司优秀解决方案架构师之一 Ilya Epshteyn 就这个话题进行讨论。

在这样一个前所未有的市场颠覆中，入门壁垒正在快速崩溃——卓越的用户体验远胜于百年老店的招牌。CEO 期待着与 IT 部门展开新的对话。CIO 与 CTO 正努力从 IT 供应者转型为业务合作伙伴。IT 供应者（即业务部门等待获取 IT 资源）往往面对的是"基础设施什么时候能够准备就绪？什么时候能够交付某某功能？打算怎样通过某某技术减少预算需求？"等问题。相比之下，业务合作伙伴的对话（即 IT 部门等待业务部门提出需求）则主要表现为"我们可以提供按需交付的资源，您可以随时开始尝试自己的假设；这是

一款可以随时使用的全新安全 API；这就是我们实验项目的结果；本月我们
成功实现了成本削减"等。后者的主导权在 IT 部门手中，因为其只需要实现
一项目标：将产品推向市场。而加速创新与产品开发流程的基本前提，正在
于提高创造者们的生产效率。

为了实现这一目标，IT 部门需要专注于实现业务差异化，同时为创造
者的提速需求赋能。对于那些不存在差异性特征的 IT 任务，大家应该以自
动化方式处理，并尽可能将其移交至其他开箱即用类方案进行解决。正如
Stephen 经常提到的，这种新的规范要求以转型为前提，且更多强调人员与
组织——而非基础技术——的转型。对于大部分客户而言，这将是一场为期
多年的旅程。而且无论他们是否意识到，这段旅程早在云计算开始之前就
已经开始了。

前虚拟化时代

在前虚拟化时代，基础设施的部署工作需要通过手动方式完成。基础设
施涉及配置、机架部署、堆放、布线、安装以及设置等，通常需要数月才能
完成。其中大多数应用程序以整体化形式存在，彼此之间具有紧密的依赖性，
所以必须手动部署。安装与设置指南通常包含数十（甚至数百）个页面。此外，
保障数据中心效率也是一大挑战。面对如此漫长的配置周期，企业往往需要
以峰值使用量为基础额外预留 25% ～ 40% 的资源余量。但在这样的设计中，
资源利用率通常低于 10%。在这种模式下，开发、基础设施与运营团队各自
拥有自己的业务孤岛，每一项变化都需要数周甚至数月的规划过程。由于一
切都需要管理，因此运营本身也成为一项重大难题——全部手动操作，且不
同环境之间几乎没有标准化机制可言。

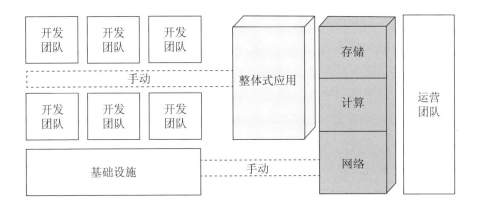

前虚拟化时代下的开发结构

虚拟化 / 私有云的承诺

虚拟化与私有云承诺带来更理想的实现方式。其尝试改进服务器效率、缩小基础设施占用空间、实现自动化与新的服务交付模式。最重要的是为业务带来真正的敏捷性。

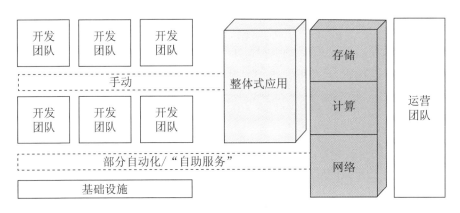

虚拟化时代下的开发结构

实际上，尽管服务器虚拟化对于能源消耗及冷却需求有着积极的影响，甚至允许组织对某些数据中心进行合并及合理化调整，但其承诺的很多收益其实并未真正实现。服务器配置时间有所减少，服务器通常能够在数分钟内启动上线，不过在现实情况下，配置与容量规划并没有得到显著改善。创造者们仍然被迫根据对产品使用模式的预期（这种预期通常难以捉摸）进行采购决策，从而满足峰值资源需求。在某些情况下，创造者们甚至需要加倍资源储备以实现灾难恢复（简称 DR 或者 n-1）场景。商业案例会被分散至多个业务部门中，且经历 3 ～ 5 年的调整周期以优化资本支出。但在大多数情况下，我们发现其最终并不能带来理想回报。

基础设施团队开始利用虚拟化技术带来的自动化能力，但在大多数情况下，这种能力并未扩展到开发团队中。自助服务中的交付模式仍然以手动为主，有限的自动化方法需要经历数天或者数周时间等待批准。由于团队仍在运营，因此对各个孤岛进行调整非常困难。此外，不同孤岛间的协同变化往往会受到官僚主义思维的严重束缚。创造者们受困于有限的自动化水平，并因此导致生产效率受到影响。完成业务部门提出的交付目标还是需要相当长的时间。

好消息是，采用虚拟化措施或者建立私有云战略的组织往往能够比尚未实现这种转变的客户更快地进入下一阶段的变革。虚拟化不仅简化了虚拟机环境的实际迁移过程，同时也反映出组织在转型、业务需求适应以及 IT 员工技术能力等方面的提升。

云计算之旅

完成面向云计算的转型有助于企业实现以往虚拟化无法达成的收益承诺。按需配置的网络、计算、存储以及数据库资源将以即需即付的模式迎来前所未有的灵活性，并真正为开发团队的工作效率带来提升。但即使在云端，这种转变也不可能一蹴而就。相反，开发团队的探索里程将随着客户而加速，并经历采用阶段中的各个步骤。

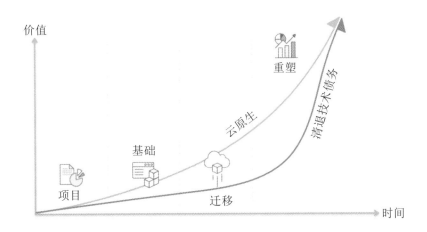

云采用——项目中的各个迁移阶段

在云采用周期的前 3 个阶段中，组织（1）启动少量项目从中了解收益；（2）通过建立云卓越中心团队为组织转型奠定基础；（3）执行大规模迁移。而在这一过程中，我们开始看到几个能够直接提升创造者执行速度的核心因素。

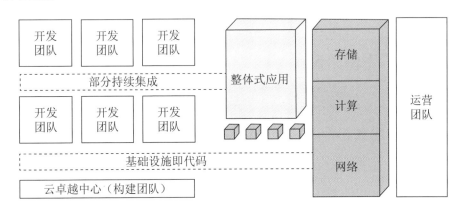

云采用早期的开发结构

● 基础设施即代码。在项目阶段早期，客户可能会以手动方式执行某些任务。但在进入基础与迁移阶段后，他们开始迎来基础设施即代码这一全新事物。这意味着一切基础设施不再简单利用脚本实现自动化，而是以代码形式进行开发与维护（即 CloudFormation）。这些模板可以重复利用，从而在数分钟内轻松部署完整的环境与堆栈。

- 云卓越中心。云卓越中心团队负责开发及维护核心基础设施模板、设计参考架构、培训开发团队并帮助他们将应用程序迁移至云端。开发团队能够利用基础设施即代码管道，同时为其应用程序开发出持续集成管道。

- 采用 AWS 服务。在这些早期阶段中，我们看到客户已经在以较高程度采用 AWS 基础服务，具体包括 Amazon Elastic Compute Cloud（EC2）[1]，Amazon Elastic Block Store（EBS）[2]、Amazon Elastic Load Balancing（ELB）[3]、Amazon Simple Storage Service（S3）[4]、AWS Identity and Access Management（IAM）[5]、AWS Key Management Service（KMS）[6]、AWS CloudFormation[7] 以及 Amazon CloudWatch[8]。客户也开始对其整体式应用程序进行解耦，并尽可能选择 AWS 托管服务。在这些阶段中对更高级别服务的采用情况，通常取决于客户的迁移策略、云原生应用程序百分比，以及通过重新托管、平台更新或者重构发掘 AWS 平台整体优势的百分比。

- 安全性。虽然从传统角度来讲，安全性一直是敏捷性转型的一大障碍，但通过对 AWS 资源的正常运用，客户完全能够实现一定程度的透明度、可审计性以及远高于内部实现方案的自动化水平。

云采用——重塑阶段

毫无疑问，一旦客户完成初步采用阶段，开发团队的执行速度将大大提高。而且在大多数情况下，优化空间不会随着迁移阶段的结束而消失。毕竟

---

[1] https: //aws.amazon.com/ec2/.
[2] https: //aws.amazon.com/ebs/.
[3] https: //aws.amazon.com/elasticloadbalancing/.
[4] https: //aws.amazon.com/s3/.
[5] https: //aws.amazon.com/iam/.
[6] https: //aws.amazon.com/kms/.
[7] https: //aws.amazon.com/cloudformation/.
[8] https: //aws.amazon.com/cloudwatch/.

很少有客户能够单纯通过迁移流程将全部应用程序重构为云原生形式（详见第 7 章）。这将为后续重塑创造机会，并进一步提升创造者的工作效率。应用程序重构工作通常涉及解耦操作，并利用 API 将整体式应用拆分为更多小型服务，同时最大程度地提升可复用性。在这一过程中，客户应努力将不存在差异性质的应用程序组成部分迁移至 AWS 平台，从而将精力集中在核心业务逻辑上。

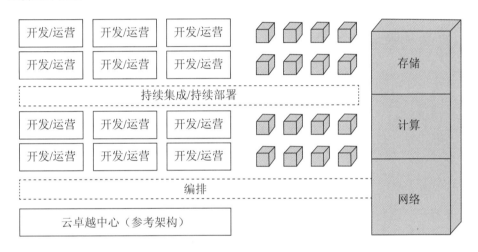

重塑后的开发结构

在重塑阶段，组织通常会选择 Amazon Kinesis[①] 等更为全面的托管服务以进行数据实时采集，利用 AWS Lambda[②] 进行实时处理，选择 Amazon Aurora[③] 与 Amazon DynamoDB[④] 作为关系与 NoSQL 数据库，并采用 Amazon Redshift[⑤] 进行数据仓储——如此一来，创造者们将能够把主要精力投入到真正具有差异性的业务中。很明显，建立最佳队列、消息收发或者 API 管理解决方案并不能对业务带来直接动力。相反，算法、业务工作

---

① 　https：//aws.amazon.com/kinesis/.

② 　https：//aws.amazon.com/lambda/.

③ 　https：//aws.amazon.com/rds/aurora/ .

④ 　https：//aws.amazon.com/dynamodb/ .

⑤ 　https：//aws.amazon.com/redshift/ .

流以及实时分析才是真正提升客户满意度并支撑业务体系的关键。在这一
阶段中，我们还看到不少客户开始更专注地实施真正的 DevOps 模型。云卓
越中心则致力于开发参考架构、治理与合规性框架，同时允许开发团队以
更为自主的方式通过统一的 CI/CD 管道部署基础设施与应用程序。最后，
安全团队将采用 DevSecOps 方法并通过 API 公开安全功能，从而加快自身
任务的执行速度。

计算与大数据的演变

为了更好地理解这一点，首先来看看这种计算与大数据演变在云环境下
的表现形式。

近年来，最重要的一波计算演变就是数据中心内由物理服务器到虚拟服
务器的转型。这一阶段带来了更高的资源利用率、更统一的环境、硬件独立
性以及新的灾难恢复能力。而演进的下一阶段，自然是在云环境中实现虚拟
服务器——这将带来资源按需使用、更高的可扩展性与敏捷性，以及更强大
的可用性与容错能力。不过从创造者工作效率的角度来看，其中仍然存在一
定的改进空间。举例来说，大家仍然需要关注高可用性与灾难恢复，需要管
理黄金镜像并修补服务器，且需要根据工作负载调整实例大小。对于创造者
来说，工作的内容应该单纯关注业务逻辑，并确保其按计划运行或者针对某
一事件做出响应。

而这也正是 AWS Lambda 以及无服务器计算新兴潮流的意义所在。利用
AWS Lambda，您将不再需要管理或者修补任何服务器。创造者可以直接编
写目标函数，而 Lambda 服务会自动对执行、高可用性以及可扩展性加以管理。
举例来说，VidRoll 公司就利用 AWS Lambda 为其业务逻辑带来实时广告绑
定与实时视频转码 [①] 功能。在 AWS Lambda 的帮助下，VidRoll 公司只需要分
配 2 或 3 名工程师即可完成原本需要 8 ～ 10 名工程师的任务，直接提升了代

---

① 　　https://aws.amazon.com/solutions/case-studies/vidroll/.

码的可复用性且不必再为基础设施分神。

另一个类似的例子是 AWS 上大数据服务的快速发展。客户现在可以在
Amazon EC2 以及 Amazon EBS 上运行自我管理的 Hadoop 集群。事实上，
客户同时也可以通过按需资源配置、即用即付模式以及多种实例类型等 AWS
优势获得显著收益。当然，原本存在于内部环境中的很多挑战，也将在云端
继续出现。例如，由于计算与存储资源间的耦合性质，您的集群可能存在峰
值时段过度利用而其他时段未能充分利用的情况。由于大家需要保留 HDFS
中的数据，因此无法在非峰值时段内轻松关闭集群，而且在查询之前甚至还
得先把大量数据先转移到本地 HDFS 中。

Amazon EMR[①]通过对计算与存储资源进行解耦的方式解决了这些问题，
其选择 S3 作为持久数据湖。以 FINRA 为例，其在 EMR 之上启动了一套新
的 HBase 集群。由于现在的数据驻留在 S3 之上而非 FINRA 自我管理的 EC2
集群[②]中，因此查询时长迅速由过去的 2 天缩短为如今的不到 30 分钟。此外，
利用 S3 作为数据存储方案还帮助 FINRA 降低了运营成本，并使其有能力根
据工作负载需求对集群规模进行调整。与此同时，创造者与数据工程师也不
再受制于长期技术决策而遭锁定，而能够开发出自己的分析平台，并尝试利
用各类新工具满足业务需求。那么，如果数据科学家完全不打算管理任何集
群，又该如何解决？ Amazon Athena[③] 提供完全无服务器选项。数据科学家能
够在无启动时间与透明升级机制的支持下，轻松编写 SQL 查询并将结果交由
Presto 引擎立即加以执行。

对于任何转型工作而言，我们都很难准确量化其成功程度并始终确保当
前方向与最终目标相一致。云计算对开发团队工作效率的高度重视无疑是一
种理想的成功衡量尺度，并能够在您利用 AWS 持续演进与重塑，甚至成长
为业务合作伙伴的道路上，持续提供重要的决策指导。

---

①　https：//aws.amazon.com/emr/.

②　https：//aws.amazon.com/blogs/big-data/low-latency-access-on-trillions-of-records-finras-
architecture-using-apache-hbase-on-amazon-emr-with-amazon-s3/.

③　https：//aws.amazon.com/athena/.

第48章
支持云迁移之旅的几项宗旨

——AWS 企业战略师 Joe Chung

最初发布于 2017 年 3 月 8 日：http：//amzn.to/cloud-tenets

"宗旨：一种通常被认为真实可信的原则、信仰或学说；其往往为某一组织、运动或者专业领域的各成员所共同支持。"

——韦氏词典

　　大规模过渡至云端，意味着原本的诸多开发、运营以及安全流程将不再适用——或者说，它们将在云端发生显著变化。举例而言，AWS 提供编程化访问方式，用于对 IT 基础设施进行配置与管理（基础设施即代码）；但与此同时，仍有不少企业依赖于手动流程（例如 ITIL）管理自己的 IT 服务。

　　然而，这种重大变化还仅仅只是开始；企业在云转型之旅或者寻求改变价值交付方式方面，也必须找到并遵循一系列全新的范式。要全面接受这些新模式，组织必须就自身方法与流程做出一系列变革决策。不过必须承认，不同行业中的不同客户有着独一无二的实际情况，而且面对这么众多的决策压力，人们也会感到无所适从——特别是有时候并不存在最优答案。

　　在亚马逊公司，领导力原则 ① 负责指导并塑造我们的行为与文化，其同时也是以服务客户为核心的快速创新工作的重要基础。但大家可能不太了解，我们的项目与团队本身还拥有一种文化，负责提供一种用于指导决策并针对相关重点与优先事项做出评判的宗旨（Tenet 或信条）。正如我在 AWS 的一

---

　　①　https：//www.amazon.jobs/principles.

位同事所言，"宗旨，让大家就无法通过事实验证的关键问题达成共识。"

举例来说——

您是否希望应用程序团队拥有完全的自治权，控制所有可在 AWS 中使用的服务？还是您应当立足 AWS 执行服务标准或者在 AWS 之上实施其他控制方法？

这个问题显然没绝对正确或者错误的答案，而且您所处的环境或者行业可能会直接决定大家具体采用的策略。然而，您应当依据是否为应用程序团队提供管控还是自由的哲学，就此预先定义出一个宗旨。

下面将列出一些能够帮助大家定义组织云宗旨的重要问题。

您希望建立怎样的开发者体验？您是否希望始终保持初创型开发者体验？或者说所有交互都应通过代码进行处理？您认为员工是否允许以手动方式配置或更改服务？

您的安全宗旨是什么？您的现有政策可能只适用于内部环境，因此云迁移的过程也代表着对政策加以改进的宝贵机会；举例来说，您是否希望使用入侵检测技术，或者通过其他必要的能力实现全部事件的完全透明化？

您打算如何在 AWS 环境下运营？是选择全面自动化，还是与现有运营流程保持一致？

另外，在涉及云服务的具体选择时，您打算进行集中决策还是将自主权交予开发团队以拥抱 DevOps 模式？

为了更好地帮助大家定义云宗旨，这里选择了 6 项来自亚马逊内部的重要指导性建议。但在具体探讨之前，我希望先向亚马逊公司的各位贡献者表达崇高的敬意。

章程或者使命的意义在于描述要做什么，而宗旨则说明如何实现。宗旨代表着程序或者团队用于遵循章程或者完成使命的核心价值观。卓越的宗旨的解释效果，甚至比章程更为理想。

易于记忆。易于记忆才能被高效地教育普及。经验表明，只有易于记忆的宗旨才是好的。易于记忆的宗旨有两个属性：企发读者和简明扼要。

每项宗旨只包含一项主旨。将宗旨雕琢简化到只覆盖一个基本概念，这能确保宗旨本身令人难忘且表达清晰。

具有针对性。好的宗旨应该让人们对云计划感到兴奋。而云计划团队外的员工，也应该能够通过这些宗旨获得对项目的了解。另外，这里要强调一种常见的错误——不要尝试制定一项貌似适用于大量项目，但却未能提供有针对性信息的宗旨，例如"我们要实现世界领先的云功能"。

建议性。宗旨的意义在于帮助每个人做出艰难的选择与权衡。宗旨需要通过声明引导人们关注一件事，而非另一件事。宗旨提供的是指导性意见，而非详细的行动说明。此外，不同宗旨之间可能存在一定冲突，这并无不妥（例如与敏捷性相关的宗旨，也许在一定程度上有违与政策或控制相关的宗旨）。

宗旨让人保持客观。面对特定项目中的细微差别，我们往往容易陷入群体思考或者忽视总体目标。因此，请退后一步，设定宗旨而后在进程中考量这些宗旨，这将帮助我们追踪更为宏观的战略方针（当然，在对宗旨做出修改前，同样需要退后一步）。

最后，我要与大家分享我个人最喜爱的两项宗旨——它们来自埃森哲公司的云转型之旅。

我们需要能够像直接消费"原生"平台那样对云服务进行快速配置与管理——"使用信用卡尽快完成配置"。

为应用团队提供消费云服务所必需的控制权和能力，且不加任何人为限制——"如果 AWS 适用于大众，我们为什么不能使用？"

最后，我也期待听到您的云迁移宗旨，它们将帮助那些利用 AWS 完成云征程的人。

第49章

建立卓越中心团队以转变技术组织

——Rearc 公司首席架构工程师 Milin Patel

在过去的 5 年中，我有幸参与到一系列企业 IT 转型工作中。这一切都始于我在道琼斯公司时在 Stephen Orban 领导下的工作经历。当时，我们的任务是找到在云环境中构建及运行软件的新方法，从而确保我们能够保持市场地位并迎合不断变化的客户需求。Stephen 在本书中已经对我们的经历做出了透彻阐述，在这里我只能补充一点——在道琼斯领导 DevOps 工作的 3 年时间，代表着我个人职业生涯中最充实也最有价值的时光。我是如此享受这段经历，以至于我与多位合作伙伴（包括 Machesh Varma 和 Chad Wintzer）一起创建了 Rearc 公司——专门帮助其他企业发挥 DevOps 与云计算潜力。

我们在道琼斯与 Rearc 的成功在很大程度上应该归功于将开发人员当作有意义的关注重心，并将他们视为付费客户。我的目标是，通过我在道琼斯中建立起成功的云卓越中心团队的构建与运营经验，激励企业领导层改变整体组织结构。正如 Stephen 提到的，云卓越中心团队帮助道琼斯实现了软件开发与运营实践的全面转型。而且除了云转型与 DevOps 采用之外，我们在云卓越中心内采用的六步法大纲也适用于组织中的其他问题。

从我的角度来看，云卓越中心团队的目标在于选取一个广泛且根深蒂固的大型组织问题，立足较小范围内通过心态开放的方法加以解决，而后凭借小范围成果推动相关方法在组织整体中的普及。

在道琼斯公司，我们的具体问题在于加快软件交付速度。2013 年，我们意识到消费者对于新闻及媒体内容的消费行为发生了重大转变。《华尔街日报》（道琼斯下辖业务）在传统上一直是一家报业公司，但我们的读者希望在手机、平板电脑以及其他联网设备上消费新闻信息。此外，他们还希望我们提供无缝化的跨设备与平台的数字化体验。

为了满足读者的要求，我们必须以极快的速度提供新的功能与体验，但这是我们原先所无法实现的目标。我们当时的瀑布式方法（见以下示意图）所构建及运行的软件无法满足不断增长的业务与客户需求。

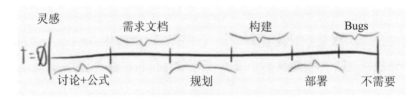

速度明显太慢

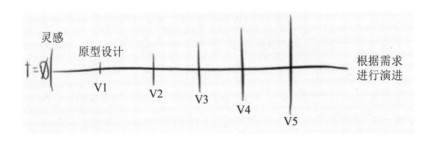

软件开发永无止境

解决这个难题的唯一办法，就是从根本上改变我们的软件开发与交付方案。

我们不得不放弃那些要求大规模资本投入且交付周期漫长的基础设施驱动型项目，转而寻求真正能让我们快速迭代且无须担心失败及财务风险的、灵活的软件工程驱动型的云优先方案。

考虑到上述问题，再加上当时拥有的初步云使用经验，Stephen 认定云技术与 DevOps 实践将是实现目标的必要前提。但是，我们该如何让一家习惯于以特定方式运作的大型组织彻底放弃一切关于基础设施、运营以及软件交付的固有观念？当时，我们还没有太多行业知识可供借鉴。所有这一切，促使我们建立起道琼斯的云卓越中心团队（我们内部将其称为 DevOps 团队）。我也有幸成为云卓越中心团队的 3 位创始成员之一。

我们的使命是找到合适的工具与实践方案，确保开发团队能够以敏捷且自信的方式为客户提供卓越的数字体验。

我们将云服务暗含在解决方案中，因为我们的主要目标在于通过实验、快速失败、开始下一轮实验的方式寻求正确答案，从而实现软件开发敏捷性。很明显，这要求我们利用云服务将一切无法实现业务差异性的负担剥离出去，最终将全部精力集中在客户需求身上。

最终目标状态已经非常明确，但实现目标的具体方法则需要随着时间推移而逐步摸索出来。在这里，我将分享自己的六步走方法，也希望能够为大家提供一点指导与启发。

第 1 步：组建团队

云卓越中心团队的初始规模不应太大。在为道琼斯公司建立起云卓越中心团队之后，我意识到为初始团队选择正确人选的重要意义。理想的创始团队成员应该具备以下重要特征。

- 实验驱动：具备从失败中学习并快速迭代的能力。
- 大胆：不惧挑战现状。
- 能够从构思阶段到成功实施全程推动灵感实现。
- 了解影响开发人员生产效率与卓越运营效果的各项因素。
- 能够通过他人扩展自身技能。

我们的云卓越中心由具备强大技术能力与不同专业背景的工程师们组成。顶尖工程人才通常在组织内拥有良好的信誉，这意味着他们很容易在组织的其他部门内产生积极的影响。我个人认为内部选拔是最好的办法，当然大家也可以根据实际情况通过内部人才加新员工与战略合作伙伴的方式建立云卓越中心。在我们的经历中，我们要求参与其中的工程师了解网络、存储、系统管理与软件开发等专业知识。另外，虽然我们的初创团队完全由内部员工构成，但随后也引入了不少新员工及应届毕业生。

第 2 步：快速交付积极成果

尽管组织转型是一项庞大的发展愿景，但我们需要刻意缩小初步工作范围，即立足一个相对较小但足够重要的项目并确保其取得成功。在我们的经历中，正如 Stephen 在第 1 章中提到的，当时的早期项目是对公司的香港数据中心进行迁移。

直接迁移式应用程序迁移

在 6 周之内，我们必须将《华尔街日报》的亚洲数据中心（以直接迁移方式）迁移至 AWS 的东京区域。这对于我们的云卓越中心团队而言是个完美的起点，我们需要在过程中弄清 AWS 环境下的网络（VPC、负载均衡、WAN 加速以及美国数据中心与东京区域之间的数据复制问题）、机器镜像（AMI）、应用程序性能、流量分发以及变更管理等。之所以能够做到这一点，完全要归功于我们拥有做出一切必要决策的自主权，这种自由空间也成了迁移成功的基本前提。

首次生产云部署的成功，使我们得以将工作成果展示给整个组织，这也标志着在云环境中运行生产应用程序的第一步已经顺利迈出。在此之后，人们对于云端运营的恐惧心理与不确定性开始改善，同时也在企业之内催生出关于更多可能性的讨论空间。

第 3 步：获取领导层支持

技术领导者必须向其他人提供明确的信息，包括我们当前面对的挑战以及拥有哪些用于解决这些挑战的举措与规划。在我们的经历中，Stephen 和他的领导团队一直高度重视与云卓越中心团队对话的机会。虽然实际新技术引入工作要由基层员工完成的，但来自高层的明确愿景与支持信号同样重要。对我们来说，内部博客与会议有效强化了组织整体的信息传递能力。

第 4 步：构建可复用模式与参考架构

在成功立足云端运行第一组应用程序之后，我们得以利用同样的经验考虑如何以可复用的方式迁移更多应用程序。而在与多个应用程序团队进行交流之后，我们对于其中的共通模式渐渐有了认知。我们得以构建起多套参考架构及蓝图，虽然其中存在一些主观成分，但还是得到了应用程序团队的普遍认同。

我们的云卓越中心团队付出了巨大的努力，不仅建立起各类参考架构，同时还开发出必要工具以利用这些架构对应用程序的交付与运营进行自动化执行。如此一来，应用程序团队将能够快速实现开发成果的上线与运行，而我们则在组织内部建立起标准化模式并降低了运营开支。

第 5 步：参与与展示

凭借着初步成功与领导层的有力支持，组织内的其他部门开始参与进入并共同推动过渡工作。云卓越中心团队当然需要充分利用这一趋势。我们通过"DevOps"日、启动研讨会（Lunch Workshops）、培训项目（通过 DevOps 大学计划）以及成功案例研究等途径展示成功的云项目。我们的内部客户（开发团队）在"DevOps"日及启动研讨会活动中也拿出了自己的成果，其说服力显然要比外部信息更为强大。此外，AWS 与 Chef 架构师及开发布道者的加入也让员工们兴奋不已，这反过来又让他们体会到我们对待转型工作的严肃态度与坚定决心。

第 6 步：扩展与重组

一旦大家利用新的方法和实践成功交付了部分初始项目，组织内的其他成员就会开始积极利用来自云卓越中心的服务、工具与专业知识，旨在满足特定需求并解决现实问题。

大家必须认真规划这关键的最后一步——将来自云卓越中心的能力传递至组织内的其他部门。在我们的经历中，我们发现云卓越中心逐渐开始成为其他部门采用云及 DevOps 实践的瓶颈。因此，我们最终决定建立联合团队，并在各个应用程序团队中建立 DevOps 体系以真正实现云卓越中心功能的全

注：原文没有"第 5 步"，疑是作者笔误，序号错编。——编辑注

面普及。

结论

在强大的领导支持之下，自下而上的 DevOps 方法使我们得以探索各种可能性，并以前所未有的速度为特定客户提供新体验。2013 年，WSJ.com 网站的一项调整要求开发人员在上午 10 点前将成果提交给质量保证团队以便在周二与周四晚上发布。当时，有 10 ～ 15 名工程师参与了一场准备长达数小时但可能并不成功的电话会议。到 2016 年，我们则拥有超过 100 套跨越多种服务部署方案的全天候生产与非生产部署环境。没人怀念当初连夜加班的经历，但更重要的是，生产流程中的意外事件显著减少，每个人都对工程技术团队抱有更充分的信心。

第50章

立足云优先业务重塑，驱动变革管理创新

——AWS 企业战略师 Joe Chung

最初发布于 2016 年 12 月 21 日：http: //amzn.to/cloud-driving-change-innovation

"没有变革，就没有创新、创造或者改进的动力。而发起变革的人，将更有机会管理不可避免的变革。"

——William Pollard

　　在 5 年前参加 QCon 旧金山大会时，我窥得企业计算的发展方向。当时，坐在我身边的是来自亚马逊、Facebook、网飞以及领英等知名企业的卓越架构师与工程师，而大家在会议上主要探讨两大核心议题——转移到微服务与分布式系统，以及如何利用 AWS 承载这些微服务架构。在 AWS 的支持之下，这一全新架构带来了前所未有的规模、弹性与可用性水平。更令人震惊的是，Amazon.com 以及网飞这样的巨型网站甚至能够在无需服务中断的前提下，将大量创新与变革成果引入自己的平台。

　　回想起 2011 年参加 QCon 大会时，我还在担任埃森哲公司 IT 部门的董事总经理，负责企业架构、敏捷交付与创新事务。在此之前，我投入了15 年时间推动埃森哲立足自身业务领域在全球范围内进行大规模 IT 实现与转型。而如今，我成为 AWS 的企业战略师，负责与企业客户的技术主管分享经验与战略，帮助他们了解云计算如何在降低成本的同时提高速度与敏捷性。

上面说了点闲话，下面回到 QCon 大会上的"顿悟"时刻。在会议结束之后，我立刻转变了埃森哲公司的架构原则，开始探索服务至上与云优先方向。此后，我们研究了应用 AWS 服务的方法，希望借此解决我们的问题。

我们的一款应用程序利用专有扫描与成像技术对数百万份文件进行采集，然而系统需要花费数天时间才能完成文档的扫描与处理工作，从而以电子版本的形式真正呈现在用户面前。这无疑会导致客户满意度处于无法令人接受的水平。为了解决问题，我们的团队创建了允许对应用程序进行定制的架构组件，可利用 AWS S3 作为应用程序的配套存储机制。我们的团队随后又开发出一款移动应用，允许用户拍摄收据并将其存储在 S3 中。这种方法的好处在于存储与检索工作快到数秒钟内即可完成，且不会对相关遗留应用造成任何额外负担。

不过真正令我们惊讶的在于其低廉的成本；实际上，由于不再需要物理扫描解决方案并利用到 S3 的良好价格水平，这套系统的运营成本仅相当于专有系统的百分之一。

另一个关于 AWS 优势运用的例子在于对开发与测试服务器的管理。尽管我们对数据中心内超过 95% 的服务器硬件进行了虚拟化，但考虑到开发与测试环境在使用方式层面的显著弹性，通常只有很少一部分时间它们被使用。即使运营良好、使用合理，这仍然是大量资源的严重浪费。因此，我们决定将开发与测试环境迁移至 AWS，并自动安排在周末及晚间时段关闭服务器。到这时，云计算的优势已经非常明确，不过我们仍然需要在各部门间就云环境与内部环境的运营成本问题进行辩论。通过一系列新项目，我们已经能够开始进行培训并在云技术之上创建架构、工程与基础设施资源。

3 年之前，我们迎来了新的 CIO 与新的执行长——而埃森哲 IT 部门也由整合、外包加减少成本的角色正式迈入数字化时代。与许多组织一样，我们感受到了快速采用云计算、移动技术、分析以及其他能力以创造具备客户吸引力的数字服务的紧迫性。

　　为了快速敏捷完成迁移，我们建立起云规模迁移计划，目标是在 3 年之内将 90% 的公司工作负载迁移至云端。一年后，所有部署在美东的数据中心的工作负载就已全部迁移上云。此外，我们还将 90% 的新的基础设施——特别与新投资相关的——配置在云环境内。举例来说，当我们对 accenture.com 网站进行平台更新时，即从起步阶段引入 AWS。结果是年均节约资本高达 360 万美元，这主要归功于云环境带来的服务器调度与服务器规模优化。在将服务运行在云端的同时，我们还致力于获得更理想的性能、正常运行时间以及更低的平均故障时间。到 2016 年年底，我们已经将超过六成的工作负载运行在云环境中。最终，埃森哲公司在 2017 年 8 月正式关闭主数据中心，并实现了 90% 工作负载运行于云端的目标。此时已经没有人继续争论云计算是否更便宜这个问题。

　　尽管埃森哲迅速完成了向云与 AWS 服务的迁移，但仍然没能获得像网飞或者 amazon.com 那样的巨大转型成功。好在这一切于 2015 年发生了转变，当时公司高管团队提出一项要求，希望能够在一年之内建立起一项新的关键能力。

　　在着手研究这个问题之后，我们决定在 AWS 之上构建一套微服务架构，通过将迭代设计流程引入业务体系以快速适应不断变化的实际需求。通过开发这一重要能力，我们能够将新的功能与变更不断部署至生产环境内。在检查最终统计数据时，整个团队都被结果所震惊——效果极佳，影响深远。在不到一年时间内，我们——

- 部署发布了超过 12 项大型版本。
- 开发出 20 项微服务。
- 无任何服务中断对环境进行超过 4000 次部署。
- 交付一项成功服务，并为全球近 40 万客户提供良好体验。

　　这些重大突破令企业感到非常激动，而且在之后向团队询问如果没有 AWS 的加持我们能否取得成功时，大家一致给出了否定的答案。

最后一点——在回顾埃森哲的云转型之旅时，我观察到与 AWS 采用阶段理论高度一致的心智模型。埃森哲公司首先从部分项目起步，旨在借此使用并了解 AWS 服务。此后，通过扩大团队人员规模实现以云为中心的架构与工程技术思维，即正式进入基础阶段。而在做出变革性决策转变为数字化企业之后，埃森哲开始大规模迁移至云端。最后，凭借我们开发出的各项新服务，埃森哲得以利用新的能力、速度、规模与可用性水平对服务的架构设计与工程实现方式做出全面重塑。

我相信每家企业都有机会实现这样的故事——包括像网飞和 Amazon.com 那样的故事。也正因为如此，我才满怀兴奋之情加入 AWS 大家庭，帮助更多企业走向云端。

第51章

云环境下合规自动化的三大优势

——AWS 公司欧洲与中东市场企业战略师 Thomas Blood

最初发布于 2017 年 1 月 4 日：http：//amzn.to/automate-compliance-in-cloud

"建立声誉需要 20 年，毁坏声誉只需 5 分钟。"

————Warren Buffett

　　在整个技术生涯中，我一直负责合规性与安全性的工作。在某些情况下，这类要求可能相当繁重——之前我的团队正准备接受国防部的审计，此次审计占用了我们超过一半的相关预算并耗费长达数月时间。但在绝大多数案例中，我都能够通过自动化机制的引入简化整个流程，同时增强我们的安全与合规水平。如今，云迁移选项将为大家提供更为显著的合规性提升潜力，且无须产生任何可观的额外人力需求与资源成本。

　　下面我会具体解释。

　　合规官员通常负责对企业的财务、组织与声誉风险进行评估与管理。在企业环境下，这项工作的开展难度可谓有目共睹，毕竟各行业与地理区域的差异会在人员、流程以及技术等固有复杂性基础之上带来更多不同的监管要求。

　　此外，业务与合规事务之间也天然存在着某种对抗关系。企业必须实施产品创新，从而改善客户体验。但在另一方面，合规团队则专注于限制或者防止风险的存在——而风险往往源自新产品与新功能。正因为如此，合规团队往往致力于维持现状而非做出突破。最重要的是，业务与合规事务间的紧张关系虽然有时是健康的，但在很大程度上会导致成本上涨，并拖慢产品及功能的上市速度。

　　一般来讲，合规团队需要参与年度合规评估，编写报告并设定修复目标。此外，他们还将为业务及技术团队提供时间表，用以指导针对调查结果的修复工作。产品经理与技术领导者理解合规性保障的重要意义，但他们通常会将这类评估视为"演习"，并认为这会分散产品及功能的实际价值。

　　对业务领导者来说，他们对年度合规性报告往往抱持着恐惧心理，因为这些"非功能性"要求会导致大量资源在未来几个季度中被分配至与战略发展路线图无关的领域。此外，合规性工作也常常被视为开发流程之后的补救性措施。但残酷的现实告诉我们，如果不加以重视，合规性问题最终往往会转化为技术债务。

　　尽管合规性流程往往非常繁复，但其也有可能给客户带来实际价值。事实上，从法律与道德层面来考量，合规性应被视为一种质量衡量标准，旨在确保良好的客户体验——特别是在安全性、可靠性与响应性等方面。您的云战略将在合规工作中发挥重要作用，即通过改变业务与合规相关者间的关系改善企业业务与客户体验。更具体地讲，通过在产品设计或服务生命周期初期引入合规性要求，将能够确保在满足政策与法规目标的同时，增强您的价值主张。

　　下面来看具体方式。

　　首先，AWS 迁移能够帮助您立即节约成本。在我自己的云转型之旅中，我意识到 AWS 责任分摊模式 ① 能够发挥巨大作用。以往，我们必须对物理基础设施进行管理，从而保障合规性。因此在采购硬件以支持各类技术性举措时，总会因此而面临额外的延迟。此外，这也会增加运营负担，使得基础设施团队在不添加人手的情况下需要承担更大的工作压力。通过将工作负载迁移至云端，我们将物理基础设施的安全性与合规性保障工作交由 AWS，而且他们也确实掌握着我们永远无法提供的资源与专业知识。在另一方面，我们也能够借此增强

---

① 　https://aws.amazon.com/compliance/shared-responsibility-model/.

自身能力，大幅减少需要自行保护的攻击面。这将为我们的运营团队腾出宝贵时间，从而专注于其他增值性工作——例如建立额外的自动化方案。

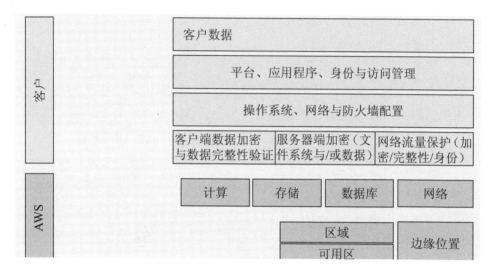

AWS 责任共享模式

　　其次，将工作负载迁移至云端能够进一步提升自动化水平。我们可以基于标准化且经过批准的模板进行环境部署，且模板中的具体软件版本完全受控。这一概念被称为基础设施即代码，其将给安全性与合规性带来积极而深远的影响。在进行基础设施即代码管理时，基础设施可以自动利用脚本进行验证，确保其遵循安全最佳实践。此外，AWS 亦支持在 AWS Config[①] 中定义可自动化验证的合规性规则。如此一来，配合自动化手段，合规团队将能够在系统发生变更后随时进行法律与安全要求验证，而不再依赖于定期系统审计。此外，可以将合规性与安全性测试自动化机制集成到软件开发过程中，以防范在软件部署到生产环境之前可能出现的违规行为。最后，调查结果可整理为每日报告，并将问题分送至对应的申报系统中，从而由特定个人处理或者触发自动修复响应。以第一资本公司为例，其开发出一套名为 Cloud

---

① 　https://aws.amazon.com/config/.

Custodian① 的规则引擎，用于在云平台内定义并以编程方式实施各项策略。

最后，当自动化流程或者人工审计发现问题时，部署修复措施的难度也将相应下降。以基础设施漏洞为例，大家可以在代码中修改基础设施模板，并自动将修改后的结果应用于未来的一切实现操作。如果应用程序中存在问题，则可部署应用修复程序以降低风险，或者向 AWS Web 应用程序防火墙②中添加规则以实现补充性控制。

随着时间的推移，云战略将催生出主动式合规性文化，即将合规性与安全性视为以客户为中心的增值性活动。达到这一里程碑的标志，在于产品团队将合规性要求作为产品设计中的用户背景信息，或者开发人员开始在软件开发流程中引入与合规性相关的测试机制。

如果已经在 AWS 当中建立起合规性流程，或者有此意愿，请与我们分享您的心得体会。此外，下面这些资源链接可能也将帮助您更好地立足云端实现合规性保障。

AWS 上的自动化治理

https：//d0.awsstatic.com/whitepapers/compliance/Automating_Governance_on_AWS.pdf

如何对 Amazon EC2 安全组中的 AWS 账户配置变更与 API 调用进行监控

https：//aws.amazon.com/blogs/security/how-to-monitor-aws-account-configuration-changes-and- api-calls-to-amazon-ec2-security-groups/

关于 AWS 上的 DevSecOps——演示文稿共享

https：//www.slideshare.net/AmazonWebServices/introduction-to-devsecops-on-aws-68522874

---

① 　https：//medium.com/capital-one-developers/cloud-custodian-9d90b3160a72#.5cwjzy2ce.

② 　https：//aws.amazon.com/waf/.

AWS re：Invent 2016 大会：合规性架构：第一资本如何实现保障自动化

https：//youtu.be/wfzzJj3IiDc

第52章

如何降低好奇探索的代价

——AWS 企业战略师 Mark Schwartz

最初发布于 2018 年 1 月 3 日：http：//amzn.to/Lowering-Cost-of-Curiosity

在 AWS 公共部门博客的文章中，金融行业监管局（FINRA）的首席信息安全官 John Brady 讨论了如何在云环境中构建数据湖，从而降低尝试性举措的成本。他提出的理念非常精彩，亦在敏捷性与创新方面同我的个人倾向高度契合：降低云与 DevOps 实验成本，从而为企业提供关键性的创新激励。而这种不断下降的探索成本，亦是推动整个数据世界实现变革的重要助力。

FINRA 监管着证券行业中的关键组成部分——与美国公众进行业务往来的各经纪公司。其使命在于通过调查欺诈、滥用与内幕交易等案件以保护投资者利益并保持市场诚信。FINRA 每天需要接收并处理高达 6TB 的数据，平均新记录达 370 亿条。更夸张的是，在峰值时段，其交易记录可能超过 750 亿条。FINRA 分析师不仅要对这些数据进行分析，还必须对总计超过 600TB 的数据进行交互式查询。此外，他们还需要能够在数分钟或者数小时内（而非数周或数月内）查询多年来积累下的，规模高达 PB 级别的历史数据进行查询。

由于核心职责在于发现可疑模式，而"可疑"的定义未必总能那么明确，因此 FINRA 分析师们必须始终保持——"好奇"。为了实现好奇，FINRA 立足云端建立起数据湖，旨在加快交付速度并降低运营成本。从某种意义上讲，这也正是数据敏捷性的基本要求——用户可以探索无法事先确定需求的各类可能性，了解如何获得快速反馈结果并利用这些结果修改方法，也可迅速适应变化并努力确认或否定由变化带来的相关假设。在此过程中，降低好奇的成本对于实现这样的探索至关重要。换句话说，低成本也是引导组织以敏捷方式使用数据资源的必要驱动力。

当然，在允许分析师自由发挥之前，安全性也是践行好奇的一大重要考量因素。对于大多数企业而言，对个人信息加以保密是分析工作的核心前提；而对于 FINRA，数据完整性以及对金融行业法规的坚守则是一种不可动摇的原则。正因为如此，在推行良好敏捷开发实践的同时，FINRA 从起步阶段就将安全工程纳入业务流程。事实上，FINRA 的 DevOps 流程确实有助于为部署带来一致性，通过 AWS 工具对生产中的系统加以持续安全监督，从而确保环境的全面合规性。Brady 解释称：

在过渡至云端的 4 年中，我逐渐意识到对于规模较小的组织而言，我们能够在云环境中获得更理想的安全保障，而这种成效提升实际上源自更低的精力与资金成本投入。我们对 AWS 的安全性进行多角度分析，并发现其全面优于我们的内部数据中心——包括修复、加密、审计与日志记录、权利与合规性等。

我完全赞同 Brady 的观点。我之前曾在美国公民与移民服务局（USCIS）担任 CIO 职务，根据切身体会，我意识到云环境的安全性水平甚至高于国土安全部（DHS）等大型组织的数据中心——特别是在 Brady 所提到的几大比较角度层面。

正如 Brady 所言，FINRA 解决方案的具体细节包括在项目早期阶段让各安全、审计与合规小组参与；经过细分的服务器安全小组；利用 AWS 密钥管理服务（KMS）管理密钥；利用由 Amazon EC2 与 AWS Lambda 提供的控制能力；同时建立起 DevOps 自动化流程以确保将测试与合规性元素引入开发与部署流程。

　　通过这些安全控制手段，FINRA 能够在降低成本与风险水平的同时，充分发挥好奇心以了解大数据敏捷处理的真义。关于更多细节信息，请参阅 Brady 文章中的第一部分 ① 与第二部分 ②。相信大家也会同意，他提出的要素确实能够代表企业的敏捷度到达的新的水平。

---

① 　https：//aws.amazon.com/blogs/publicsector/analytics-without-limits-finras-scalable-and-secure-big-data-architecture-part-1/.

② 　https：//aws.amazon.com/blogs/publicsector/analytics-without-limits-finras-scalable-and-secure-big-data-architecture-part-2/.

第53章

云入门阶段的12步走攻略

——AWS 企业战略师 Jonathan Allen

最初发布于 2018 年 1 月 5 日: http: //amzn.to/12-Steps-To-Get-Started

"万事开头难；难在迈出第一步。"

——Guy Kawasaki

企业高管人士面临着越来越大的压力，需要更快提供云转型成果。当然，正所谓"磨刀不误砍柴工"，在真正着手之前，大家有必要从前人处汲取经验教训，从而节约时间与金钱投入。

作为 Amazon Web Services 的企业战略师，我目前在全球各地旅行，负责帮助众多全球最大的企业发现并释放 AWS 的强大力量。在与云相伴并同无数客户接触之后，我发现高管们普遍希望了解自己能够从前人处学习到哪些指导性知识。

回顾这段职业经历，以后见之明，我发现以下 12 个步骤存在普适性，且能够为大家带来稳定的交付结果。

第 1 步——不要过度思考；指定开发人员，马上开始！

马上行动起来。专注于发展技能，而后交付相关成果。您所需要的一切帮助都已经存在，您提出问题的全部答案也已经确定。在起步阶段，您可以让一位有前瞻思维的工程师或者开发人员通过控制台使用 AWS 资源，了解服务选项并启动 EC2 测试实例。以我的经历为例，我们首先建立起一支小型具前瞻倾向的工程师团队，他们的主要任务是积累初步经验，逐渐提升复杂性水平并在旅程中为我们持续提供建议。

第 2 步——为单线程领导者赋权

根据我的经验，如果在转型期间没有建立起单线程支持通道，那么领导层的执行力将根本无法在前端得到体现。CIO——或者至少向 CIO 直接报告的人员——必须直接引领相关工作，并且每天都出现提供指引或消除障碍。此外，确保高层领导的一致支持，并提供在管辖范围内全面覆盖支持，以强化公有云所带来的成本、安全性与产品开发速度优势。

换句话说，单线程领导者必须成为一切变化曲线的交点。他们必须善于倾听，并为云转型提供"放手去干即能干成"的基调。当我在第一资本英国分部推行这一思路时，我采用了"您眼中的一切假设性束缚，其实都值得商榷"的宗旨，从而以强制性方式促使每位成员将每个问题都视为改进的机会。最后，单线程领导者必须负责建立第 3 个步骤，这一点非常重要。

第 3 步——建立双披萨云业务办公室

亚马逊公司的双披萨团队概念，意味着每个团队的成员为 8 ～ 10 人。在这种情况下，团队领导将以虚拟形式存在，负责在公有云迁移过程中为工程师及开发人员提供战略指导与战术性支持。而其中最重要的一点，就是云领导团队应考虑并解决每位组织内成员对未知的恐惧情绪。

最佳云业务办公室团队应包含——

● CIO 或向 CIO 直接报告的单线程领导者。
● 采购或供应商管理。

- 法务负责人。
- 首席信息安全官。
- 首席财务官或直接向 CFO 报告者。
- 基础设施负责人。
- 交付负责人。
- 初始云工程团队的工程技术或产品经理。
- 风险负责人（大多数组织需要设立这一角色，特别是监管要求严格的组织）。
- 审计负责人（大多数组织需要设立这一角色，特别是监管要求严格的组织）。

这些成员需要遵守组织中建立的敏捷性原则，并至少每周（甚至每天）进行会面，共同审查进度并消除障碍。

第 4 步——建立宗旨（并随时准备修改宗旨内容）

宗旨的定义是"一种通常被认为真实可信的原则、信仰或学说；其往往为某一组织、运动或者专业领域的各成员所共同支持"。共同宗旨是提供一个每位成员都能够理解的，面向可能出现的"如何"问题给出答案的总体参考框架。在制定宗旨时，请尽可能广泛听取反馈，同时争取建立一份简洁但有力的清单（参阅第 48 章）。在过去一年中，我制定也看到了诸多云宗旨；这里，我希望向大家分享一些在制定宗旨时需要考量的核心因素：

（1）明确设定业务目标——您是否需要降低成本？是否需要转型为原生数字化？是否需要缩减您的应用规模？或者是否需要关闭数据中心？一次性解决这么多问题很具挑战，因此建议您首先对旧有应用程序进行直接迁移，而后再逐渐优化及清退相应应用。具体请参阅第 6 章以了解更多细节信息。

（2）选择一家主流的公有云合作伙伴——这将帮助您的组织获得一套专家级主流平台，从而避免在起步阶段面对太多的可能对技术规范制定造成干扰的平台、人员、流程及任务等因素。

（3）契合安全目标。我建议大家认真阅读 AWS ProServe 提供的白皮书与相关建议，同时以此为基础对监管机构的合规性标准进行逆推，从而确保工程师与开发人员充分理解某些工作"为何"需要以特定方式执行。

（4）记住您拥有的团队就是您需要的团队。招募新人会带来漫长的执行周期，因此请尽可能培养内部员工。培训、上手管理以及认证将会带来明星的不同效果。

（5）谁构建，谁支持——小型双披萨团队应该负责将其构建的成果转化为实际业务。这也是亚马逊公司实现规模化创新的重要机制之一。

（6）命令或者是控制和信任，但都要验证工程师及开发人员的方法。二者各有利弊，具体请参阅第 12 步。

第 5 步——建立您的问题库

领导团队（每个人）都会提出很多问题。遗憾的是，如果合适的人不在，那么解答这些问题往往需要耗费大量时间，而工作进度也将停滞。所以，请建立问题库，在确保重视每个问题的同时持续推进。

一个好的建议——快速回答大量问题的最佳方式，在于同 AWS 联合组织一场高层执行简报会议（EBC）。这类活动总是充满吸引力、极具启发性且令人兴奋，最好的地点当然是在西雅图，当然您也可以就近安排。请与您的客户经理联系进行安排会议，我们会回答您遇到的问题。

第 6 步——建立双披萨云工程团队

建立整体云工程团队，负责与 AWS 直接合作，其重要意义无须赘言。这里的"整体"表述非常重要，意味着该团队必须覆盖多种技能类型，具体包括——

- 基础设施工程师，其了解现有 IP 地址、边界安全（防火墙）、路由、服务器构建标准以及其间的各类技术性要素。
- 安全工程师，其负责确保一切构建及编码的内容皆满足企业的安全目标。

- 应用工程师，其负责保障构建产品的编码逻辑。
- 运营工程师，其负责确保 ITIL 元素能够适应并充分发挥云环境的各项优势。
- 首席架构师，具有深刻与丰富的相关经验。在理想情况下，此人也应具备基础设施即代码经验。

深入了解如何以最佳方式运用 AWS 服务与功能，也将大大加快您的云转型之旅。云工程团队应该在同一现场工作。虽然理论上可行，但远程工作方式并不理想，往往会引发问题。您的团队必须在云转移之旅中全力以赴，只是坐在办公桌边绝对无法解决一切挑战。

第 7 步——引入合作伙伴或 AWS ProServe 咨询团队

云工程团队可能对使用哪些最佳方案与工具具有自己的想法，也对应该保留或放弃原有数据中心的哪些实践有自己的建议。为了加速这一过程，请邀请拥有相关经验的专家参与。

第 8 步——立足安全性、合规性与可用性目标进行逆向推导

首先要明确的是，AWS 云具备良好的安全性。请投入时间确保云工程团队与云业务办公室充分了解 AWS 提出的责任分摊模型，这是一项必须得到重视的优先事务（如下页图所示）。在此之后，利用 AWS 解决方案架构和 ProServe 咨询资源以确保您能够正确利用深度安全（Deep Security）工具满足安全目标。目前存在多种不同配置选项可用，但我的建议是您应立足贵公司的外部监管要求（包括 PCIDSS 以及 HIPAA 等）进行逆向推导。此外，您还应与 AWS 合作以确保采用切实符合合规性与安全性目标的最佳实践。在确定具体方案之后，请将内容整理为文本并加以发布，同时确保建立与领导团队和单线程领导的直接对话窗口，以供成员随时对现有机制提出修改意见。

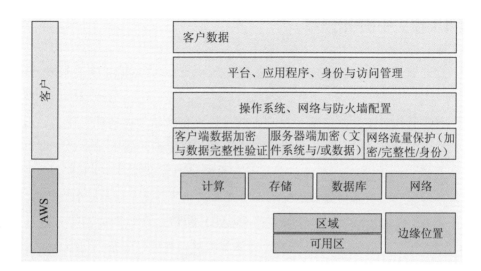

AWS 责任共享模式

第 9 步——将新元素引入重要但不关键的生产体系中

大家需要在生产流程中创造出实际价值。在第一资本期间，我们的首个团队目标就是建立起第一项微服务。当时，我们没有设定截止日期；相反，我们以最小可行产品（MVP）为目标，希望确保云工程团队能够始终以产品为关注对象。经验表明，以这种方式进行成果传递可能需要几天到 12 周不等的时长。如果交付周期超过了 12 周，则意味着之前的某个步骤未能工作，此时请回顾 "5 个为什么" 以理解出现这种状况的原因。

第 10 步——团队的培训、经验积累与验证

云卓越中心的关键性职能，在于确保以积极主动的方式管理每位成员个人发展旅程。此外，要真正实现文化与技能的全面扩展，培训与认证计划也必须落实到位。我在这里对此做出了全面阐述。

第 11 步——开始迁移

"计划没有价值，但规划至关重要。"　　　　　　——Dwight D. Eisenhower

在建立起多支团队之后，接下来就可以真正开始考虑迁移工作了。由于各团队已经意识到在 AWS 上构建业务体系的便捷性，接下来立足云端进行思考将成为新的常态。不过，全部现有系统仍然需要 24×7×365 的全天候维护与升级——该如何处理这些固有资产？云业务办公室这时应当发挥作用，配合 AWS 利用 AWS 迁移加速计划（MAP）利用来自无数成功完成迁移的 AWS 客户的先进经验。另外，要对迁移旅程进行规划，请充分利用"6 个 R"原则——这是一份简单但全面的决策指南，能够帮助您以最佳方式实现应用程序迁移。通过这种极为简明的方式，我曾在一天之中利用一张用 6 色笔写成的便笺组织成一份完成度达 80% 的草图提案，用以帮助客户建立起面向 MAP 的定向业务案例。最好的计划来自持续规划，我们应在其中最大限度地利用重新托管、在一定程度上采用平台更新，再佐以一点重构，从而在 MAP 合作伙伴的协助下快速达成目标。

第 12 步——相信，但验证

最后，很多大型企业都反复被同样的问题所折磨——我们该如何在控制（特别是安全）与创新之间寻求平衡点？这是个棘手的问题，很难找到明确的答案。在第一资本公司的 Cloud Custodian 项目中，允许管理员与用户面向拥有良好管理的云基础设施轻松实现政策定义，从而充分发挥由此带来的安全性与成本优化能力。我的好友，前第一资本同事 Kapil Thangavelu 在这里对 Cloud Custodian 这一开源项目做出了全面阐述——他同时也是该项目的产品经理。此外，我还建议大家参考 re: Invent 2017 大会上 3M 公司的演讲，其中谈到该公司如何对 Cloud Custodian 工具进行正确设置并借此实现治理目标。

最后，我要再次重申——"您眼中的一切假设性束缚，其实都值得商榷"。

致　谢

首先，我要感谢我的妻子 Meghan 与两个可爱的女儿 ——Harper 与 Finley，感谢你们的爱与支持。如果没有你们听我喋喋不休地讨论技术，并对我繁忙差旅的宽容，我不能想象如何能成功完成本书。

另外要感谢我的母亲，把我当作偶像一样崇拜（虽然我自己觉得还不够格）。直到我自己也成为父母，我才学会感激您为我所做的一切。同样，如果没有您的爱与支持，这本书同样不可能顺利完成。

同样要向每一位我为之工作、与我合作过和我曾学习过的企业领导者致谢。说来也许有点奇怪，我通过观察领导什么不应该做——而非什么应该做——学到了最多的宝贵经验。

感谢曾经与我在同一战壕共事过的每一位同事——包括彭博、道琼斯以及现在的 AWS。我对自己的每份工作、身处的每个团队都怀有感激赞赏之情，同时也无数次为大家共同创造的成果所震撼。

感谢每一位为我的博客（及本书）撰写文章的朋友。我在合作过程中学到了很多，我也以能够称您为同事及朋友而感到荣幸。

感谢众多与我共度 AWS 职业生涯的客户，在过去 3 年中，我从你们那里学到的东西比我整个职业生涯学到的还多。您指导着我们每天不断重塑 AWS 提供的各类产品，也让我充分了解到大型企业中的业务变革所带来的各方面的影响。我们将以更多出色的服务回报每位给予我们信任的朋友。

另外，要感谢为本书内各篇博文提供研究与编辑支持的合作者，包括 Jennifer Marsten、Bill Meyers 和 Peter Economy。

接下来，要特别感谢 Jack Levy、Miguel Sancho 和 Mark Schwartz，感谢你们投入大量时间为本书的草稿提供建议。关于本书的最终判断要由读者朋友们做出，但我必须承认，虽然有时候难以接受，但大家提供的建议确实让我受益匪浅。

最后，我要把这本书献给我的祖父和祖母。在 8 岁那年，祖父就开始教我了解资本市场，并引导我在没有网络的年代就了解了股票期权中履约价格的概念。他让我意识到努力工作与认真学习的重要意义，并在我很小时就激发起我对商业的强烈热情。祖父于 2012 年去世，几个月后祖母也离开了我们。没有一天我不想像从前那样打电话向他们寻求帮助，但我仍然会在心中默默诉说，因为我知道他们仍然在倾听。

译者后记

　　行到水穷处，坐看云起时。我们生活在信息技术的黄金时代，而云计算无疑是 21 世纪初最具颠覆性的技术之一。云计算有效地推动了大数据、人工智能和物联网等技术的迅猛发展，帮助初创企业和传统企业通过数字化转型而创新和成长。

　　过去 20 年在太平洋两岸，我先后在美国福特汽车公司、中国银行总行和 SAP 大中华区从事 IT 管理工作，经历了信息化技术从主机到服务器到个人电脑到移动终端，从本地机房到托管机房到移动互联网到云计算，从单体应用到 SOA 到微服务架构，从传统开发运维到 DevOps 的发展演进。

　　自 2015 年初加入 AWS 出任首席云计算企业战略顾问，我在前沿亲历了云计算的兴起和成长，目睹了容器和无服务器，实时大数据分析预测，人工智能和机器学习，物联网核心和边缘计算等一系列新的技术借助于云计算突飞猛进的历程，见证了电子化、自动化和数字化对经济和企业发展的巨大推动。

　　本书是关于云时代企业信息化发展和治理的宝典。本书通过分享作者和贡献者们的亲身实践和经历，介绍了企业应该如何利用云计算去提高敏捷性以加速业务创新，讲述了企业上云的流程、方法和最佳实践。本书从一个独特的角度，可以帮助读者了解信息化技术和企业管理创新的最新发展趋势和最佳实践。

　　这本书的作者和主要贡献者都是我在亚马逊 AWS 企业战略团队的队友，

也都是经验丰富的企业 IT 高管。团队的职责是利用我们的经验，帮助全球更多企业的业务和 IT 人员，了解企业信息化发展的方向和未来。我们花大量的时间与全球众多企业的高管和团队沟通交流，学习和分享企业上云的经验教训和最佳实践。由于团队成员分布在美国和欧洲等地，周五深夜是大家唯一的都比较方便的时间，也就成了我们团队的周例会时间。一周下来无论多么疲劳，我们都会在一起讨论工作，常常涉及本书里提到的许多话题。

本书作者 Stephen Orban 是我们团队的首任领导，曾经就职于布隆伯格并曾任道琼斯的 CIO。其他章节的贡献者 Philip Potloff 是团队的现任领导，曾就任 Edmund.com 的 COO、CIO 和 CDO。Mark Schwartz 曾担任美国公民与移民服务局的 CIO。Joe Chung 曾是负责埃森哲全球 IT 的董事总经理。Jonathan Allen 曾任第一资本银行欧洲的 CTO。Thomas Blood 负责过 Experian 的 IT 技术。团队的其他成员还有曾任可口可乐公司 CIO 长达十多年的 Miriam McLemore 女士和 Cox 汽车公司前 CTO Bryan Landerman 等。他们带领着所在的企业成功采用云计算，积累了丰富和宝贵的一手经验。

云计算圈里的几位著名人士为本书作序。Andy Jessy 是 AWS 的主要创始人和 CEO，被评为全球企业 IT 最具影响的人物榜的第一人。Adrian Cockcraft 现任 AWS 负责云架构的副总裁，曾任网飞 Netflix 的首席云架构师，最早提出了云原生应用的概念。上面提到的 Mark Schwartz 除了贡献了几篇文章外还为本书作序。他著有两本商业管理书籍：《商业价值的艺术》（*The Art of Business Value*）和《一席之地》（*A Seat at the Table*），第三本书《IT 的战争与和平》（*War，Peace，IT*）也即将出版。

感谢 AWS 中国团队特别是市场部的领导和同事们对本书出版的支持和帮助。我也特别感谢本书的责任编辑贾斌和他的同事们的工作。

我在繁忙的工作之余，利用国庆假期和前后几个周末完成了本书的翻译工作。由于水平有限和时间匆忙，翻译错误在所难免，恳请读者朋友赐教指正。

最后我谨代表本书的原作者们和我本人向 AWS 的用户们表示最诚挚的谢意。与你们沟通交流中我们学到了宝贵的知识；为你们服务是我们的宗旨和前进的动力。希望用户们对本书的内容提出建议和反馈，并分享你们的宝贵经验。

张侠

Amazon Web Service 首席云计算企业战略顾问

2019 年 1 月于北京